寫作過活不是夢，你也可以靠搖筆桿子吃飯！

成為職業作家一定要知道的50件事

（ Zen大 ）
王乾任——著

代序
職業作家，與現實對決的勇氣

王乾任

說真的，如果有時光機，讓回到三十年前跟十歲的我說，「你以後會成為作家喔！」當年的我應該會覺得自己碰上怪阿伯。

和其他作家不太一樣，我不記得自己小時候讀過的第一本書，也沒有啟蒙我走向寫作這一行的書，從小我就是一個很平凡的學生，從國小到高中在校成績永遠中等，放學後最愛看且看最多的是漫畫而不是甚麼經典文學，跟大家一樣都會去補習，高中時想的是如何考上大學，早點交到女朋友。

上大學之後，迎新宿營跌傷了腳，不能四處趴趴走，每天下課回宿舍前，總會經過圖書館，就借兩本書回宿舍讀，打發漫漫長夜。讀著讀著，好像讀出點興趣，覺得好像可以繼續往上讀。念個博士，未來在大學裡教書，成了我人生第一個輪廓清晰的志願。

然而，努力考上碩士班後，卻覺得學術界太多神人，自己能力遠遠不及，加上生性愛自由，不喜歡學術論文的嚴謹格式要求，還有繁複的審查與修改建議，最後決定放棄學術路。但是，已經愛上讀書的我，選擇的替代道路是進入出版產業，於是研究所開始，我在書店打工，開始接出版社的外稿，並且有了一些寫作經驗。當年我毛遂自薦寫信給博客來，應徵了當時的每周導讀工作，開始了我一周寫一篇書籍介紹的打工，也成了我進入寫作這一行的契機。

開始寫論文後，一些覺得很寶貴但論文用不上的資料，我也分拆開來投稿，算是幫自己賺點外快，也充分利用的所讀的東西。

退伍後進入誠品、新學友等連鎖書店，工作了幾年，覺得自己雖然想待在出版業，但並不想在組織裡工作，不想在通路上班（雖然我很喜歡書和書店），想要找尋更自由且更能實踐自我的工作，幾經思量，我想到不妨成為出版業最上游的供應稿件者，乾脆來當作家，靠寫稿維生好了！

二〇〇五年十一月，我離開職場，決心從新的年度開始，不再隸屬於特定公司組織，要靠職業作家的身分活下去。

獨立的第一年，靠著過往幾個固定投稿版面的支持，還有從一家新成立的出版社那裡拿到的企劃組稿工作，以及自己規劃的投稿工作，勉強撐了過來。雖然那年賺的收入很少，得拿出儲蓄來支應，不過日子卻過得很開心，每天早上起來寫自己給自己規定的文章，寫完後到附近的自助餐店吃一份五十元的便當，下午騎腳踏車到附近的書店與商圈走走看看，晚上讀書。

約莫到了第三年，有了一些固定的專欄、陸續出了一些書，投稿見報率逐漸提升，工作的收入總算能維持支出，不再像一開始那麼捉襟見肘。

再後來，開始有企業約我開課，講授寫作方法和出書秘訣，同時也越來越多單位找我去演講所寫之書籍主題（像是大學生的職涯規劃、兩性關係等等），工作慢慢上軌道，然後一轉眼十年就過去了。

不少人都覺得能夠以寫作維生很了不起，甚至有些人誤以為寫作是一種才能，只有少數幸運兒才可能辦得到。

我原本的寫作能力並不算特別強，剛開始投稿時，也是退稿多而留用少。只是，我已經決定要靠寫作維生，不給自己留退路的我，逼自己非得找出方法解決問題。於是，我開始鑽研寫作技巧，規劃更嚴格而有紀律的寫作計畫，以投稿的實戰方式，鍛鍊從學到的寫作技巧，但凡有效的方法就重複執行，若被退稿就修正再投。總之，絕不放棄。最後，真的被我摸索出一套快速完成大量稿件，且能賣掉換得稿費的寫作技巧，而今我只要半小時就能寫完一篇可以賣錢的千字文章，快筆成為支撐寫作事業非常重要的一項能力。

仔細想想，我之所以能在寫作這一條路上堅持下來，反而是因為當初我的能力不足，但是願意學習、修正錯誤，清楚自己的能力與定位，制定寫作計畫，嚴格要求自己確實遵守與執行。舉例來說，我一開始就要求自己每天至少寫三篇文章，就算找不到媒體可以投稿，也要自訂主題，把規定的文章篇數寫滿、寫好才能休息。

之所以嚴格要求自己非得每天寫三篇文章，是我精算過台灣的稿費平均水準和刊登的頻率與支付稿費的週期後，推算出來的一組數字，簡單來說，就是在台灣如果要靠寫作維生，平均每天得有一篇文章在媒體上發表，考慮到退稿與媒體積稿等各種狀況，每天寫三篇文章才足以支撐生活。

不過，如果你問我，在這個稿費低廉的環境，寫作維生最重要的一點是甚麼？我認為方法和紀律只是其次，關鍵是「跟現實對決的勇氣」。

我不想因為大環境不好就放棄自己的人生夢想，在台灣，當作家是我最有機會實踐人生夢想的一條路，所以即便稿費很低，版稅很少，書很難賣，我還是毅然決然地投入。

為了靠寫作活下去，為了因應大環境景氣不佳、對寫作人不友善，從一開始就捨棄了無謂的自尊，不堅持非得什麼稿費價碼或媒體或文章類型不寫，只要不傷天害理、能有收入，我寫得來我就寫，一開始就做好覺悟，要和這個殘酷的環境一決勝負。

十年下來，我出版了將近四十本書，寫遍台灣大小新聞媒體版面，擁有過十個以上的專欄，每年寫作近千篇文章，累積了自認為還算豐碩的成果。

要做到這些，其實沒有外界想像的困難，只要願意好好規劃、準備，按部就班、按表操課，持之以恆，肯定能有所成。我常鼓勵有意願成為Soho或作家的年輕朋友，如果連我都做得到，沒道理能力和條件比我好的他們辦不到。

你是否也有很想完成的人生夢想？試試看擬定好一套周全的計畫，以此和殘酷的現實對決吧！

*本文原刊《國語日報》（二〇一六年五月）

目次

第1件事
不要在咖啡館寫稿或創作

如果你想成為職業作家，有一件事情是所有事情當中最重要的，那就是：

不要在咖啡館寫稿或與創作。

開會可以，閒聊OK，紓壓也行，就是不要在咖啡館寫稿或創作。

因為很重要，所以說三次：

不要在咖啡館寫稿與創作！

不要在咖啡館寫稿或創作！

不要在咖啡館寫稿或創作！

我碰過太多在咖啡館寫稿的soho，結果往往寫了一天賺的錢，付完咖啡和餐點的費用後，所剩無幾，甚至還得倒貼。

不要在咖啡館寫稿或創作的感覺很美，或許是偶像劇或許是創作人都喜歡咖啡店的氛圍，想讓工作環境更美好一些。也許因為不少創作前輩都在咖啡館寫稿，像是法國哲學家沙特，早年台灣文人在明星咖啡館寫作，但那是因為他們住的地方更小更爛，不得已只好在咖啡館創作，於是形成一種習慣。

然而，台灣的咖啡館，只會吵得讓你不想寫稿，無法讓你舒服地創作，還有貴得讓你入不敷出。

如果是業餘的創作人，可以去咖啡館，我還在當上班族，趁著周末假日兼差寫稿時，也很假掰的會去公館的咖啡館寫稿，也的確在那邊碰到一些類同行（編劇、教授……），但說真的，很吵，非常吵，往往一個下午，才勉強寫完一篇稿子。

後來我立志成為全職Soho後，就戒掉了寫稿一定要去咖啡店寫稿的作法。雖然一開始周末早上還是會出現在敦化南路上某家咖啡館，但因為那家咖啡館位於商業區，周末早上幾乎都沒人，可以悠閒的讀書且寫點東西，所以才去。當工作開始上軌道之後，也逐漸不去了，實在是寫稿所需使用的資料太多，根本不可能全部扛到咖啡館去。

想當職業創作的人，雖然難免會有一段時間沉迷於咖啡館寫作的氣氛，但是這絕非長久之計，拜託千萬不要在咖啡館寫稿。遲早有一天你會覺悟，租個大一點的房子，給自己弄一個工作室，再買一台好的咖啡機，和好的咖啡豆，會是比較划算而有工作效益的事情。

一杯咖啡一兩百元，外加蛋糕，還得吃中餐甚至晚餐，整天待在咖啡館，至少得喝兩三杯咖啡，吃兩頓飯。在台北，隨便也要七八百塊噴出去，一個月就是兩萬塊，還沒算你的房租與基本生活費用，要寫多少字才能賺到兩萬塊，瘋了才會去咖啡館寫稿而不自己弄個工作室？

當然，偶一為之可以。但相信我，當你有個舒適的工作室，資料都在手邊，上網很容易，又沒有吵鬧的客人在旁邊喧嘩時，你不會想再回到那個夢想中感覺很美好的咖啡館工作。

在咖啡館寫稿，是個文青夢，想起來很美，實踐起來很殘酷。
如果你非要去，只能祝福你囉！

第2件事
持續寫出能賣錢的稿子

成為職業作家的第二件事情，要能寫出可以賣錢的稿子。

職業創作人是現代資本主義社會興起後才大量出現的工作，因為對創作需求的讀者增加了，而且有錢能夠消費，有別於封建時代的創作人由宮廷貴族或領主贊助，職業創作人是靠創作在市場上販售維生的群體。

同樣都是寫作，古代文人與學院學者有許多相似處，現實生活中也不乏為了文學藝術而獻身、不在乎金錢的創作人．這也很好，人有權利追求自己想過的生活和創作模式。不過，如果想成為職業創作人，得寫出能賣錢的稿子，靠寫稿賺錢養活自己，還有家人。

若是做不到，不配稱為職業創作人。

若是還做不到，還在努力，可以在不妨礙寫作的情況下，以各種方法打工賺錢，補貼不足的生活花費，支持自己往這個目標邁進，不少好萊塢大明星走紅前也都在各處打工。

史蒂芬金曾經趴在洗衣機上寫作，村上春樹則是在餐廳關門後，趴在吧台上寫作。許許多多想成為拿版稅或稿費養活自己的職業創作人，都是很努力的，持續不斷的寫，將稿件賣給出版社，認真面對市場。

職業創作人的成就，是多年之後市場上的讀者賦予的，許多人還沒闖出名堂之前，都只是執著地認真寫，想辦法寫出能賣錢的稿子。

現在每次出書必然大賣的日本作家東野圭吾，其實撐了二十年之久，出版的許多書都只印了首刷，偶爾才有再刷或大賣的書。

當初他辭掉工作決定全職寫作時，很務實地計算過，自己一年得寫多少書才能勉強存活（以最低印量的版稅計算），靠寫作維生，爾後他便按照這個計劃規律的執行作品生產，一年出版四本書。

撐了二十年，等到市場終於追上他的作品，整個爆炸性的展開，成為又一位讓人羨慕的職業作家。

我自己是寫作技巧很拙劣，卻又頑固地想成為職業作家的人，所幸堅持朝這個目標邁進，制定了非得寫出能賣錢稿子的目標。

成為soho的一開始，是到處蒐集可投稿的版面，不要臉的一投再投三投，不怕被退稿也不將退稿記在心上，只是不斷地針對可以收到稿費的版面投稿，再加上運氣很好的碰上一些好心的出版社，給了一些企畫寫作的組稿工作，又接了雜誌採訪工作，稿子寫多了之後陸續有出版社願意幫忙集結出書，以及各種奇奇怪怪的組稿工作（如網站資料庫編寫），還有作出版有關的諮商顧問工作，到處演講或開課，一路跌跌撞撞的堅持下來，很認真的面對市場，寫的稿子都想著能否賣錢，努力朝著職業作家之路邁進。

想成為靠版稅維生的人，不能做那種只要出了一本書之後，就能暢銷二十萬本的白日夢。

跌跌撞撞、無所不寫，為了苟活而寫的生存模式，可以讓寫作人學到意想之外能力，反而成為日後謀生的重要技能。

成為職業作家未必是好的，那是一條辛苦且孤獨的路。只是如果想成為職業作家，請不要讓任何創作理論或美學偏見，干擾了你的寫稿賣錢維生之路。

香港許多日後有大成就的演員，年輕時都演很多大爛片。甚至連好萊塢的演員，也是。因為這些片，能賺錢養活自己，且能讓自己不斷琢磨演技，保持在第一線。能讓自己活下來又能學習工作技能這麼好的事情，已經是很幸運的一種工作！

成為職業作家的第二堂課：把你所寫的稿子拿出去賣錢，拿你賣稿子賺來的錢付房租水電第四台與吃飯，甚至養家，先做到這一點，再來考慮作品的美學成就！

成為職業作家未必是好的，

那是一條辛苦且孤獨的路…

第3件事
盡你所能的大量閱讀

成為職業創作人，不是文筆或文字造詣有多好，而是必須盡你所能的大量閱讀，持之以恆的閱讀。

不要問我要讀什麼書？

想當職業創作人，如果還要人家推薦書給你讀，就完蛋了。無論是推薦某一本書還是某一類書，這些都是普通讀者，甚至是沒有閱讀習慣的入門讀者的外行問題。

都要當職業作家了，當然是——什麼書你都要興致勃勃的閱讀。

什麼書都要讀。

不能只讀自己喜歡或想讀的，更不能只讀自己創作領域的書，其他看似跟你的創作領域無關的書，都要讀，更需要讀。

大量的、廣泛地，而且是有系統的雜讀，是職業創作人一生的功課。

日本暢銷作家石田衣良，平均一年讀一千本書，一天讀二・七本書。我自己雖然目前讀書量減少了，但一個月至少還讀三十到五十本書，一年讀五百到六百本書左右。

為什麼需要大量閱讀？

一，蒐集資料

許多創作人，無論是大眾書還是純文學作家，動筆組稿之前，都花了大量時間閱讀蒐集的資料，從中撈選相關的部分，納入所欲撰寫稿件的資料庫中。

我曾經看過一些文章談到，國外的純文學小說家，有時為了寫一部小說，得讀上千本書，為的是盡可能掌握該領域的知識，使其撰寫出來的小說能具備真實可信度。

創作就是建構一個世界，建構一個世界代表你必須了解該世界的一切，你就是該世界的上帝，所需要具備的知識量是很驚人的。雖然絕大部分（大概百分之九十九）最後都不會出現在作品中，但如果沒有去閱讀那些不會出現的百分之九十九，提煉不出最後的百分之一。

閱讀就是建立自己描述或解釋世界的資料庫，資料庫不夠大的人，縱然一時能寫出不錯的東西，也很難長久。

二，了解他人的作品

職業創作人必須做的事情，就是寫出別人還沒寫過的東西，所以閱讀是必要的，特別是小說。

舉個例子，推理小說的重點就在解謎，如果你自信滿滿地寫了一本小說，結果裡面的解謎手法其他小說家早就用過，只會淪為三流笑話。

當然也不是不行，只是，難往暢銷之路邁進。

職業創作人，無論如何，寫出來的東西必須要有原創性。講難聽點，寧可讀起來爛，也要有原創性，而非看起來很不錯，但卻有某人的風格或影子。想要具原創性，得靠大量閱讀相關領域作者的作品，並從中找出自己的安身立命的位置。

三，寫作守備範圍廣泛

職業創作人與業餘創作人不同之處在於，寫作守備範圍很廣泛，不會單單只寫一兩個類型，而是橫跨七八種甚至十幾種類型。以我自己來說，兩性、信仰、職場、出版、社會評論、吃喝玩樂通通會寫。如果平日沒有多方涉獵相關的書籍，不可能擁有足夠表達這些領域的詞彙。

另外，即便只寫一種領域，好比小說，但每次小說出場主人翁的職業性格喜好生活方式都不同，如果不花時間閱讀研究、深入了解，可能會發生寫出來的人物平板無趣，且每個角色都很像的窘境。

許多小說或電視劇為何不好看？因為角色建構失敗，無法深入細節，原因就在於編劇或作家的書讀得不夠多，角色創作的深度和靈活度出不來，永遠只能寫寫自己的生活，無法跨出去建構大體系的作品。

具體來說，一個職業作家的閱讀量，至少要是自己作品產出量的五十倍，保險一點最好有一百倍。也就是說，如果寫一本十萬字的書，至少要讀過五十到一百本十萬字的書，再加上過往累積下來的閱讀量，才能支撐自己的寫作內容的產出。

職業創作人與其說是創作比賽（大量創作也很重要，這點之後再來談），不如說是閱讀比賽。

透過盡可能廣泛的大量閱讀，從中找到自己在文字世界的安身立命的位置，再從過去的作家所累積下來的作品，創造出自己的作品。

一句老話，站在巨人的肩膀上，可以看得更遠。你的墊腳石，就是曾經讀過的書。

書只是一個代稱，不只是書，報章雜誌網路電影電視廣告乃至睜開眼所看見的東西和人，都是閱讀的對象，都要能夠拆解並消化吸收成為你作品中的養分……。

不讀書的天才職業創作人當然也有，只是極為稀有，最好不要抱持這種不切實際的期望看待自己的創作人生，會比較好。

站在巨人的肩膀上，可以看得更遠。
你的墊腳石，就是曾經讀過的書。

第4件事 心臟要夠大顆，承受孤獨、寂寞、忌妒、中傷、挑釁等等的惡意攻擊

很少人談，但我覺得很重要的一點，職業創作人的心臟要夠大顆，內心要夠堅強，有覺悟承受來自四面八方的惡意攻擊，有覺悟以個人肉身對抗世界，雖千萬人吾往矣。

許多人誤以為，創作家最苦的是忍受創作過程的孤單寂寞。不是的，有志於創作的人，大多有點孤僻或冷傲冰霜，很能自得其樂，一個人躲在角落裡過自己的生活，做自己的事情，並不困難。

成為職業創作人的挑戰在於：承受來自外界的惡意中傷，挑釁攻擊，誤會

與不理解，以及萬一你功成名就後，因為忌妒而來的各種流言蜚語。

以前我很佩服寫小說的人，能夠承受故事裡那麼多人物的性格黑暗面。創作人若沒有專進角色的深處，對角色沒有感同身受的能力，角色是很難展演得出類拔萃的。可是，進入角色也就代表承受角色的性格特質，特別是黑暗或軟弱的那一面，得跟負面特質成天泡在一起，對創作人的身心靈，是一種傷害。

不是有些演員因為太過入戲出不來？

小說家也可能因為太深入角色而出不來，被自己創造的角色的黑暗世界所綑綁。

因為自覺無力承擔角色的苦而迴避寫小說，走上評論寫作之路，沒想到這裡也有這裡得承受的災難。

寫評論，就一定會踩一個立場去批判某件覺得錯誤應該被指正的事情，但並不是所有人都跟你的看法一樣，常會引來反面意見的辯論。

如果只是就事論事的辯論，我多少有些覺悟，也很樂意討論。偏偏並不是那麼簡單，常常得到的反饋是人身攻擊、羞辱、嘲諷與傷害，貼你標籤，因為你批評國民黨所以說你是民進黨，這種算小事。毫無邏輯的進行人身攻擊，大剌剌地展現傷害的惡意，直言不諱的討厭，還有居高臨下的睥睨……這些看似微小卻長期發送給創作人的惡意，在在折磨創作人的身心靈。

曾經有一次，寫了一篇談金馬獎的文化統戰問題，文章出來後在網路上被講得非常難聽，好像一個多麼可惡的人為了下流的目的，寫出了惡毒的文章一樣。如果一一去讀那些評論（如果能稱之為評論的話），肉做的人心應該不久之後就會崩潰。

我知道很多創作人都只是假裝不在意，或以嘲諷的方式反擊，或者直接跳過不看，但內心都是很煎熬而痛苦的忍受。那是創作人的宿命，作品放到世界上之後，各種意見都會有，創作人必須與這個世界上各種思想訊息以及背後的意圖戰鬥。只要創作人夠深入人心去探討某個主題，無論從哪個領域切入，最後都會撞上人性中相當醜陋的惡意，並且得承受惡意的攻擊。

這些惡意的攻擊，沒有人可以幫忙分攤，創作人也不可能百分百無視，只能想辦法化解。如果無法化解，遲早有一天會情緒疲勞而崩潰，再也寫不出東西來。

創作人的戰鬥是屬靈面向的戰鬥，與世界上的惡意對決，靠的是內心一股自己堅信的價值，除此之外再無其他。

創作是很苦的工作，報酬低微，備受誤解（家人朋友不知道你幹嘛不去找份正當的工作，每天寫一堆五四三），還要對抗世界的惡意。除了極少數的幸運兒能夠擁有廣大的支持者支撐（當然這些頂級作家必須承受的惡意攻訐更大），多數寫作人都是自己默默的扛起並設法化解人性中的惡意。

某種程度上我很佩服那些「千山我獨行」、寫的文章必然被網友鄉民罵翻的創作人。這些人的抗壓度非常高，擁有非常好的創作資質，這是多數創作人期望擁有卻難以獲得的能力。

多數創作人心思細膩，纖細而敏感（不如此也難以掌握人心的細膩幽微處），比平常人更難承受惡意攻訐，卻因為工作的緣故得承受比平常人更多的惡意攻訐，是以創作人個性多多少少都怪怪的，恐怕是長期與惡意對決下的結果！

想成為職業創作人，承受的惡意攻訐數量與頻率遠比業餘玩票作家來得高，這部分是相當嚴重的職業傷害，不是表面上的我不在意或反諷回擊能夠化解的，或許這也是為什麼村上春樹靠慢跑鍛鍊寫作肌耐力，其實更是在鍛鍊對抗世界的決心與毅力。

「與世界上的惡意對決」，這是創作人的戰鬥，靠的是內心堅信的價值，除此之外再無其他！

第5件事

保持紀律，絕不欠稿債，不拖稿

不少創作人有個很糟糕的壞習慣，喜歡跟人炫耀自己正在拖稿，積欠了一堆寫不出來的稿債。彷彿拖稿越久，欠的稿債越多，自己的行情越好。

如果，你只想當個業餘玩票，或者偶一為之的創作人，那麼盡情地炫耀這些拖稿與欠稿債行為吧?!

如果，你想成為靠寫稿養活自己與家人，甚至揚名立萬的職業作家，千萬不要炫耀自己的拖稿與欠稿。

首先，當你不斷對大家說，你是個會拖稿又欠了一堆稿債的人，想想那些潛在客戶聽到了，會怎麼想？當然可能還是會有人因為你的作品品質很好，找上門來。只不過，恐怕只能吸引那些交稿週期拉得很長的單位，如果需要定期甚至非常緊密的交稿週期，就會被列為拒絕往來戶。

其次，潛在邀稿單位可能覺得你很忙又難搞，逕自放棄邀稿。殊不知，這完全可能只是擺架子的一種自我炫耀行為，其實並沒有多少稿子等著自己寫。

雖然也的確有不少知名創作人都是欠稿與拖稿高手，那多半是因為他們挑戰難度極高的創作。就算偶爾還是會抱怨一下稿子寫不完還有一堆，但真正的職業作家是不會拖稿的，原因很簡單，不想為難或得罪自己的客戶。

聽說倪匡最忙的時候，每天寫十二個專欄。香港一堆專欄作家都是每天有稿件得刊出，如果沒有穩定長期的寫稿紀律，甚至事先存稿、積稿，無法應付如此大量的供稿需求。

有一些作家把大量供稿想得很簡單，好像自己真碰上也能辦得到。短時間或許可以，時間一長，寫作肌耐力不足的話，可能就會漸漸力不從心。

過去媒體稀少、出版景氣好而稿費高的時代，作家可以靠少量寫稿維持生活，而今是不可能的事情了。想成為職業作家，就是得每天有固定產出。

楊照曾經寫過半年的香港每日供稿專欄，等約定時間一到就喊停了，受不了這樣的高密度勞動。但說實在的，每天交稿對香港的專欄作家來說只是基本的入門能力，每天交好幾篇稿的大有人在。

中國「天涯」上的連載小說作家，不少人天天寫一萬字，日復一日。

以我自己來說，考量各種狀況和需求下，平均每天至少要寫出五千字左右的稿件，也就是一個月得寫十五到二十萬字的程度。或許有時候只寫兩三千字，但有時候一天得寫上萬字，而且是長期如此。

這是一個想要成為職業創作人，就得大量產出創作的時代。無法大量產出創作的人，除非僥倖成為暢銷作家，不然很可能連業餘完票都稱不上。不管給自己多麼漂亮的理由包裝寫不出來這件事情，結論都一樣，殘酷而真實。

創作人的職業道德，就是不能拖稿。想想，創作人是產業的最上游。如果脫稿，後面的工作，不就無法繼續下去？結果就是害刊登文章的版面開天窗，若是碰到不得已的狀況，或許人家能夠諒解，長期「富堅化」則會被列為拒絕往來戶。這與你是否有大好的寫作才能無關，而是關乎你有沒有基本的職業道德與專業涵養。

創作人把拖欠作品當作成美談的態度真的很奇妙，在其他工作絕對不容許的事情，在創作界卻成為常態。

二〇一四年我接了某本書的寫稿工作。編輯說，給我兩年的時間寫，因為他們過往合作的作家，沒有一個是兩年內交稿的。我跟對方說，半年我就可以交稿了，實際上不到半年就交稿了，並在二〇一五年台北國際書展上順利發表。這個案子除了因為我自己的工作規畫想盡早完稿交件，更因為該公司先預付的一半的稿費，而且我向來秉持著書趕快出，出版社就可以在市場上多賣一些時日，降低營運成本的心態，與廠商合作。

不要給合作廠商添麻煩，對創作人來說，就是守住死線，準時交稿，絕不拖延。

真正的創作人不會炫耀欠稿債的事。職業創作人手上有很多合作專案與專欄，每天都在寫稿與交稿，稿件永遠沒有寫完的一天，時間到了，該交哪一篇就準時交稿。

為了不欠稿債且準時交稿，職業創作人都很自律，每天固定寫多少文章，甚至何時寫，都有詳細的計畫。村上春樹早上四點就起來工作的故事，很多人都知道了，但其實還有其他許多作家也都非常自律，穩定寫稿，就算寫不出來也會呆坐在書桌前，因為那是自己的工作，如果連尊重自己的工作都做不到，又怎麼好稱呼自己是職業的？

第6件事

讓編輯改你的稿子，至少在你暢銷熱賣之前

相信有些人知道，我也開設教人找出版社出書的出版提案課程。每次上課，我都提醒學員，稿子交給出版社的編輯後，讓編輯改你的稿子，一定要虛心受教。千萬不要端一個架子，認為自己的稿子，一個字都不准改。

這裡說的「改稿」，不是讓編輯把稿子的語氣用詞，改成他自己的，也不是簡單的改錯字，而是更為複雜的，介入你的稿件寫作架構的建立，問題意識的釐清，論點、論證的鋪陳與檢驗，論述故事的編排與使用等等，寫作方面的各種安排。

也許一些派頭比較大的創作人，不喜歡編輯改自己的稿子，或者我們誤以為作家是遠比一般人會文章，以至於產生一種作家位階高於編輯的心態，才會萌生這種編輯不准改動稿子的情緒。即便有時候情勢比人強被迫屈服，實際上心裡是不滿的。

如果你想成為一個販賣作品維生的職業創作人，必須讓專業的編輯修改你的稿子。從改錯字，到改標題，到要求你改寫法，把你寫好的稿子重新排列組合，大刀闊斧地刪修，通通接受就對了，只要對方能說出一套論述來解釋其修改（當然，是在你授權許可，且改過你也看過的情況下）。

或許台灣出了太多翻譯書，代工型編輯太多，缺少國外那種真正能夠協助創作人調整稿件的優秀編輯，讓改動作家的稿子這件事情，某種程度上成為很困難的事情（例如曾經碰過稿件被編輯改得面目全非的創作人）。

附帶一說，學者的稿件是最難改的。難改不是因為學者寫學術文章，而是學者多半看不起編輯，也不願意讓編輯介入稿件的修改。當然，最後丟臉的就是那種不能當作書賣的稿子被編成書送到市場上去，乏人問津，退書收場。學者搞不清楚，寫論文，跟大眾市場閱讀的書籍，根本兩回事。

回來說改稿，村上春樹最崇拜的美國小說家雷・卡佛，早年的稿子也都被他的責邊戈登利什改得很厲害。戈登大刀闊斧的改卡佛的稿子，一口氣刪掉文稿百分之六七十的情況也有，直到卡佛後來非常有名，才要求戈登不要再砍他的稿子。某種程度上可以說，卡佛的極簡主義，是戈登砍出來的。

好的編輯，可以從作家的文字裡看出他的優缺點。毫不留情地砍掉缺點，以各種方法強化優點，使作品更加成熟或貼近讀者。

寫作人有寫作人自己的盲點，那份盲點總是不知道在哪個時候會以甚麼方式出現，所以需要編輯協助，破除盲點，去蕪存菁。

在歐美還有專門編輯工作室，幫忙菜鳥或業餘作家審稿、修稿，因為稿件要能夠精煉且切中題旨要害，沒有作者想像中容易。

編輯有編輯的手感，編輯長期面對瞬息萬變的市場，知道如何微調稿件讓市場接受作品，不至於白費功夫。

我忘了在哪本寫作書上讀到，歐美許多小說編輯，常常會要求小說家回去把初稿的前兩章對調，結果出來的感覺比原本的初稿好很多。這就是編輯的改稿專業。身為職業創作人，碰上願意花心思幫你改稿的編輯，是萬幸，千萬不要不懂珍惜，還向對方發怒氣。無法接受編輯改稿建言的創作人，除了極少數的天才外，絕大多數都注定殞落。

我曾經和某家出版社談了一本寫作方法的書，寫完交稿之後，總編讀完約我去開會，非常婉轉的告訴了我稿件的問題，請我修改。從整個開會過程，我約莫可以理解到編輯對於告訴作者稿件有問題這件事情是如何的膽顫心驚，怕對方翻臉生氣。即便那是一位非常資深，且操作過很多暢銷書的總編輯。

我當然是欣然接受，而且很感謝對方願意花時間非常仔細的把我的稿子看完，指出問題，還給我寫作建議。後來我決定全面改寫，因為那份稿子無法修改，偏離了我們當初設定的書籍目標，更像評論而非know-how的作品。

想當職業作家的人，必須要有聽得進編輯批評的雅量，不能只想聽人家吹捧說好話，更要命的是，絕對不可以抱持「我的稿子你一個字都不准改」的態度和出版社打交道（這種人真的很多，相信我，除非你背景很硬，否則出版社都不會想跟你合作）。

成為職業創作人的第六件事：讓編輯改你的稿子（如果他覺得你的稿子根本沒救，甩都不會甩你，別說幫你改），至少在你暢銷熱賣之前。

第7件事 總之，投稿就對了！實戰是最好的練習

若想成為職業創作人，坐等邀稿，是一個非得戒掉的壞毛病。

我知道，我知道，我當然知道，有人邀稿的感覺很爽，有種被看重、被尊重、被景仰的愉悅感。可是，如果想成為職業創作人，卻只坐在家裡等人邀稿，除非你是暢銷作家，不然包準餓死。

拉不下臉去投稿，怕挑戰沒有自己人審稿的版面，怕被退稿，是許多創作人共通的心病。

記得有一位老派文人，某年在報紙副刊版面上，洋洋灑灑數千字，就為責難了那些當年曾經退過他稿件的編輯。

這篇文章，至今我仍引以為鑑，提醒自己，永遠不要成為因為被退稿就怒斥或妖魔化退稿單位的寫作人。

想當一個賣稿維生的職業創作人，就得丟掉這類不必要的廉恥心和面子，用力、大膽、不斷、拼命的毛遂自薦。作家最好毛遂自薦的東西，當然是自己寫的作品。

當年我立志寫稿維生，不再一面上班、一面兼差寫稿之後，第一件事情就是跑去台北市圖書館總館，翻遍館藏報紙與期刊雜誌，抄下所有可投稿且會支付稿費的訊息（網路上也流傳幾份類似資料，有興趣的朋友可以找找看，不過很多版面已經消失了）。再根據版面的文章，評估自己是否可以寫得來，然後把投稿到這些版面列入我的日常寫作工作進度。

接著上遍網路人力銀行的兼職工作欄位，把所有關於採訪寫作、寫稿組稿工作的資料全都抓下來，逐一投遞履歷，毛遂自薦。

再加上過往兼差時代就開始寫的一些版面，還有找上門要合作一個書系的組稿寫作計畫案，我的寫作生涯，就這麼在七拼八湊下開跑了。

投稿的過程，當然不可能一帆風順。曾經有一年，我專門設定投稿文學獎，但後來放棄了。文學寫作實在不是我的專長，且曠日廢時，表面上獎金看來不少，實際上死掉的腦細胞更多。而且，台灣的文學獎的寫作脈絡往往非常特別，一旦鑽進去，恐怕會離市場越來越遠，所以嘗試了一段時間之後，我就放棄了（放棄寫不來的領域也是一種必要之惡）。

後來我的寫作工作，主要鎖定在非文學領域，以投稿、不定期邀稿、專欄、採訪寫作和企劃組書寫作為主。

一開始投稿當然是退多用少，甚至碰上特意寫信來請我以後不要再投稿的好心編輯（當然後來再也不敢投稿）。不過，也激發了我認真研究寫作規則，且把投稿領域擴充得更廣更大。

我是非常熱衷投稿，不以被退稿為懼的人。連去香港玩的時候，也跑去報攤找報紙雜誌，逛書店時拿免費贈送的刊物訊息，尋找可以投稿的版面。後來果然還真給我找到了幾個，也認認真真的投了好幾年稿子（雖然現在沒寫了）。

我的想法是，職業創作人以能夠靠寫稿養活自己為首要之務，為了理想美學原則或自尊而拒絕寫稿，那是非職業作家才能擺出來的名士派頭。

另外一個常見的名士派頭，就是「每個字沒有多少錢我不寫」，我也是嗤之以鼻。這些人通常也是端個身價，或另有本業，不是職業創作人。

職業創作人當然不幫忙寫沒有稿費的文章，但是只要有稿費，只要是覺得自己能寫且寫了有幫助的（無論對己對人），能夠應付得來，寫就對了。

像我因為投稿的關係，曾經跟某家小報紙合作了好幾年的時事評論供稿。那家小報的稿費真的很低，一般一篇僅兩百元，當天刊頭的話也只有四百元。因為錢很少，所以很難吸引到高水準的稿件，但是，也許是我經常投稿的關係，後來主編便問我要不要常態性幫他們寫，雖然不能用本名，但每天都能上稿，一個月發個二十來篇，每個月也有七八千塊的入帳。穩定收入，且能磨練文筆。

因為主動投稿而結識，進而發展成長期合作關係的例子非常多。這些都是枯坐家中等候邀稿所得不到的機遇。如果寫作人知道編輯有多麼忙碌，就會了解，主動投稿，會是比較妥切的開拓寫作路的方法。

能被邀稿者通常得夠大牌或資深，且大多數版面也才偶爾一篇。即便能夠拿到年度專欄，也不過一年五十二篇稿件而已，專欄收入根本養不活一個家。

當然不是說非得主動投稿，寫作人還是可以坐在家裡等人家邀稿。不過，當別人捨棄面子努力的時候，您老只擔心被退稿後的自尊沒地方擺？那麼就別抱怨刊出率低。

總之，想成為職業創作人的話，不要嫌錢少或版面小，拼命投稿就對了。況且，實戰是最好的練習，要付稿費給你的編輯，會很認真地挑選合格的作品來刊登，不會隨便放水。

第 8 件事 不相信靈感，每天都要寫出作品

影視作品中常見的天才無賴派的作家形象深植人心，導致許多人覺得作家都是靠天才，這不只是一般人不敢挑戰寫作的障礙，更困住了有志於投身創作的朋友，他們誤以為寫作工作必須坐等靈感來才能開始，寫不出來是沒有靈感，天才作家則是幸運的有很多靈感。

其實所謂的靈感，應該是創作人長期深入觀察某一個主題，多方蒐集資訊、閱讀文獻，反覆咀嚼，不斷思考，突然在某一個瞬間想通了整篇文章或書的寫作架構，腦子裡的所有訊息被串連了起來，源源不絕地湧出。

枯坐空等是不會有靈感的，得大量閱讀，對世界充滿好奇心，時時刻刻關

切自己的寫作主題，才會有名為靈感的瞬間萌發。

即便如此，**職業創作人並不倚賴靈感**，並且拒絕天才無賴派作家形象的誘惑，而是勤勤懇懇，每天努力完成該寫的稿件數量，無論初稿成果是慘不忍睹還是尚可一讀，總之，**寫完預定的工作進度最重要**。

所以，職業創作人也不仰賴藥物、酒精或香菸等能夠刺激腦神經，鬆動大腦認知框架，深入潛意識提取靈感的外力來創作作品，因為那不是自己的本事。最多只嗜吃甜食或咖啡、茶，可以提神或活化大腦神經的東西。

想成為職業創作人，最重要的是保持有紀律的工作態度，每天都要寫出固定分量的稿件，不能三天捕魚兩天曬網。**每天寫作，才能維持職業作家的寫作手感**，鍛鍊肌耐力，使其維持在高速運轉狀態，且隨時能夠開機作業，不需要長久的醞釀構思期。

職業創作人的作品未必本本優秀，但一定能夠維持某種基本的水準和個人風格，且準時交稿，不耽誤合作廠商的進度。

紀律，才是確保靈感永不枯竭的最好方法。

想當年我剛開始全職寫作，即便拼命投稿，再加上有限的邀稿，有稿費的工作數量還遠不如我給自己安排的工作量。

於是，我便自己找了很多有的沒的題目來寫，曾經寫過一系列的世界名人讀書法，把一些知名學者或哲學家發明的獨特理論，當作閱讀學習的方法。例如，文化研究的始祖雷蒙威廉斯寫過一本《關鍵字》，我便抽取「關鍵字」一書的核心內容，轉化為關鍵字閱讀法。諸如此類的理論挪用文章，寫了不少。雖然完全沒有這方面的邀稿，日後我也還沒有出過這類主題的書（不過後來我發現日本有作家寫了差不多主題的書，而且出了中文版），但還是樂此不疲的寫著。

在台灣從事創作，必須面臨一個重大的關卡，許多你很想做的主題，並沒有報紙或雜誌版面會支付稿酬，甚至連無償刊登的機會也沒有，直接出書又有難度，放棄了就什麼都沒有，得找動力維持自己寫下去的意願。

雖然說職業作家當然要寫出能賣錢的稿子，但如果你有無論如何非寫不可的主題，也可以在有稿酬工作之餘，另外給自己安排一些時間，撰寫這些自己有興趣的主題文章。雖說未必最後能發表或賣掉，但對於維持寫作紀律或手感，乃至日後的工作延伸還是會有幫助。

例如，日後我出了幾本關於讀書考試方法的作品，偶爾也輔導想考研究所或國家考試的考生讀書方法，便有賴於當年寫的那批讀書方法的文章。

總而言之，職業創作人雖然每天得寫出能賺錢的稿子，但內心也會有想要完成的夢。將這些無酬工作巧妙地穿插在有酬工作之間，每天花一點時間經營，既能維持自己每日寫稿的紀律，也能磨練自己的手藝，好處很多。

職業創作人最怕的就是有工作找上門才動筆，沒有維持每日寫稿的紀律與習慣。這樣的工作模式，如果夠紅，當然無所謂，每天處理上門的邀稿都處理不完，但如果碰到低潮或完全沒有工作邀約上門，寫作之事不就全然荒廢了嗎？

維持寫作的主動性，不讓任何外力阻止你每天寫稿這件事情。

就算真的沒辦法寫出完整的稿件，至少要能寫些零碎的札記或隨筆，維持寫作與思考的手感。

史蒂芬金曾經遭遇巨大的意外事故，差點連命都沒了，花了好些時間復健，但等到身體康復到一定程度時，便重拾寫作之事，一點一滴地恢復寫作能力，當時的他已經是超級暢銷作家，靠版稅過活也絕對沒問題，但卻無論如何仍然要堅持的寫下去，因為他是職業的。

這世界上有許多即便停筆不寫，光靠版稅也能活的創作人，每天還勤勤懇懇地寫著文章，為什麼反而有一堆宣稱自己是作家的人，好久才出一本書卻膽敢說自己構思多年，嘔心瀝血才完成？一年出一本書，是職業創作人至少該完成的基本門檻。

職業創作人是終身的志業，雖沒有固定月薪，卻得持之以恆地寫下去，並且不考慮退休，而是與自己的寫作工作一起堅持走到人生終點。即便寫出來的東西市場已經不再青睞，即便無法達到自己高峰時期的成就，無論如何都要一直寫下去。**作家之名是只有作品繼續發表的人才有資格擁有的身分，一旦停筆就什麼都不是。**所以職業作家必須每天寫，每天寫，至死方休。

維持寫作的主動性，

不讓任何外力阻止你每天寫稿這件事情。

就算沒辦法寫出完整的稿件，

至少要寫些零碎的札記或隨筆，

維持寫作與思考的手感。

第9件事 注意現金流，不要「黑字倒閉」

以工作規畫的角度來看，說不定這件事情才是職業作家最應該重視的事情，因為我碰過太多創作能力很強，但這部分的管理能力卻很弱的職業創作人。第九件事情要談的，就是職業創作人的現金流管理能力。

創作當然是件帶點浪漫看待也無妨的事情（雖然實際上來說也很嚴苛），但如果因此而忽略生存所需要的經濟基礎，天真的以為，真誠或努力能感動天，有才能就能讓現金源源不絕的滾入自己的戶頭，那就錯了。

偏偏要命的是，有很多創作人厭惡或不善管理金錢，甚至不懂如何替自己爭取好的合約條件。創作能量很旺盛，金錢與生活管理能力卻很差，導致最後被迫因為缺錢而離開創作之路。

日文裡有個概念，叫做「黑字倒閉」，指的是公司雖然有賺錢，但卻因為周轉不靈或現金流不足，最後公司被迫結束營業。

職業創作人不只創作能力要有職業水準，財務管理能力也不能太差。

我的建議是，以表格的方式管理自己的所有工作的入帳週期，至少必須掌握自己從接下案子到真金白銀入的帳戶，可以拿來繳帳單的週期有多長？

當然不是說，週期長的工作不能接，好比說，我也會接組書企劃的案子，從談妥到交稿、出版，乃至款項入戶頭，少說也要一年。也因為我了解寫書的收入低且結帳週期又拉得很長，所以在工作安排上，不會是最優先項目，每年也會適度控管總量，不要接下太多結帳週期長且款項又不高的工作（但還是要接，出書有出書的不同效益）。

以我的例子來說，媒體上的固定專欄，會是最優先處理的工作項目。原因很簡單，收入可預期，交稿後下個月就能入帳。

其次是固定投稿工作，雖然我可以每個月固定完成一定稿量投稿，但沒辦法預估對方何時刊登稿件，雖然大多會在一到三個月內刊登，在刊登後次月收到費用，但也會碰上拖了一年才刊登，且忘了支付稿費的情況（這時就得找出當初往來的信件，向對方催款）。

第三是媒體邀稿，媒體邀稿的好處是，可以知道明確的交稿、刊登及入帳的日期，雖然不固定，但仍然是重要的工作。

第四才是專書寫作，寫書畢竟花費的時間最長，且初期收益最低，結帳週期最長。

不過也有例外狀況，那就是稿件多由過去已經發表過的文章集結，僅需要小幅修正或補點篇章，不需要全部重新寫。這時候就會列為優先處理工作，因為盡早交稿可以盡早進入編輯製作程序，盡早出版，版稅也可能早一點落袋（時間可以縮短到交稿後半年左右）。

第五則是自己送上門來，卻無需再投入時間工作的錢。像是再刷版稅，稿件轉載授權費，海外版權收益等等。這部分可遇而不可求，但還是可以大致估算一下每年會有多少收入從此部分產生，如果這部分的收入金額能夠年年成長，恭喜你正在邁向成功的職業創作人之路。

職業創作人除了**了解自己所接下的每一份工作的結帳週期**之外，還有一點很重要，必須**統計自己每個月的各項收入占比，估算年薪**。

對於職業作家來說，月薪雖然很難掌握，干擾的變項很多，年薪應該不難評估，也應該好好評估，且最好能夠年年成長，停滯也還勉強能夠接受，但如果出現衰退，一定要深入檢討自己的接案狀況，不能夠繼續裝傻不面對。

面對收入不固定的最好做法，是**存滿至少半年、最好一年的最低開銷**，之後再轉為職業創作人。今年的收入存起來，來年再花用。今年花用的是去年賺入的收入。如此能夠更理想的管理自己的收入。

職業創作人一**定要記帳**，收入與支出的各種明細都要記錄清楚，因為你所花出去的每一分錢都是辛苦爬格子，一點一滴攢下來的錢。最重要的是，記帳能讓自己了解工作與收入的實際分配狀況，透過記帳式管理，可以了解自己接的案子是否費用有逐年成長，還是原地踏步？每一個案件各自花了多少時間處理，平均換算下來的日營收狀況是否能夠涵蓋自己的基本開銷？

還有一點很重要，預先推估未來半年到一年的入帳狀況，得以調整之後的花銷狀況，千萬不要在入帳少的淡季還花掉太多錢，造成入不敷出的狀況，反倒要懂得未雨綢繆，看是多找一些能夠快速賺入現金的工作，還是開始縮衣節食，撐過即將到來的收入淡季？

以作家來說，有書展又逢農曆年節的一二月份，是接案量最少，結款量也最少的時候，卻是農曆春節花錢最多的時期。如何調配收入，不至於最需要用錢的農曆年前口袋空空，需要管帳的智慧。

總而言之，不留意現金流的創作人，就算才華再高，案件再多，忙個半死，都可能因為入不敷出，應收帳款累積太多，實收帳款不足以支付開銷（甚至還不小心碰上惡性倒閉拿不到錢的時候），被迫離開這一行。如果你真的很熱愛創作，請好好管理自己的支出與收入。

第10件事 不是只有文學創作可以寫，趁早確定自己的市場定位與寫作利基

到現在我還記得自己寫的第一篇有稿費的文章，是一篇書評。當年誠品成立了一家網路書店，找了很多寫手建置資料庫，我分到了其中一篇介紹傅柯的書，稿費五百元。

那時我還在台大唸研究所，後來也開始找可以賺稿費的打工做，最引以為傲的一件趣事，是我發現大學同學在當時的博客來網路書店的每周導讀寫了一篇書評，打聽之下竟然有稿費。不知道哪根筋不對勁，我就上了博客來的官方網站，找到聯絡方式，寫信給博客來毛遂自薦，表示想應徵每周導讀工作。

對方竟然也說好，於是就展開我在博客來初期每周導讀的寫作，一寫寫了一年多。這是最早開始的寫作工作之一，完全跟文學小說創作無關，是一個冷門偏僻的領域——「書籍導讀介紹」。

我從研究所就開始寫的文章，還有「出版觀察」，是我開始寫論文之後，發現蒐集的資料中，很多不能寫進論文，丟掉又可惜，便上網找尋可以投稿或發表的刊物，最後還真的讓我找到了一本《出版界》季刊（出版同業公會發行），我就投了一些關於出版的稿子，對方竟然也接受了，並支付稿費，一千字七百元。同樣的，這也不是文學小說創作。

書籍導讀和出版觀察，是我最初開始寫作的兩大文類。有了上述一些經驗之後，我又陸續找了一些刊物投稿不說，還遊說當時打工兼差的出版社來編書評書刊，前後總共出了三本（我自己當時寫的一些書評介紹集結也出了兩本），雖然書做得很不怎麼樣，但當事幫忙寫稿的，很多如今都是一方之霸，不乏學者教授或作家，也算趣事一件。

由於讀書時代開始接觸導讀與出版觀察寫作，後來出社會在公司上班的那段時間，工作裡也多和讀書寫作有關。例如，我在誠品擔任採購的時候，也負責當時《誠品好讀》推薦書介的撰寫。不是統包（當時一期介紹五十本書），而是臨時換書或缺書遞補又快要送印時，補版面缺的差事。

後來也陸陸續續寫過《全國新書月刊》、《聯合報・讀書人》、《破報》、《澳門日報》、《香港讀書好》等版面的書評書介，至於出版觀察，則在文建會成立了台灣出版資訊網之後，以每個月兩篇觀察兩篇書評（後來書評部分取消了）寫了十年之久，目前也還繼續在寫，並且也幫對岸的北京出版參考和廈門書香兩岸寫書籍導讀與出版觀察。

寫了很多像是在介紹我自己的寫作經歷的事情，想說的是，從我決定從事賣字維生的工作以來，就已經認清了我的寫作工作，必然不是主流社會所認知的文學創作，大多是消費性文字，資訊性或商業性的文字。好比說，二〇〇〇年開始發展網路後，我也做過不少幫網站組織資料庫的文字稿件，寫過政府的活動新聞稿，幫政府單位的網站做資料更新，幫雜誌寫採訪稿等等，不一定能夠擁有文章版權，甚至根本不會出現作者掛名的文章。

不過從一開始我就覺得，那都是職業創作人的守備範圍。所謂的職業創作人，跟文人作家不一樣，寫的文章不一定是文學小說戲劇詩歌等藝術創作類的作品，而是只要你有能力且有意願又有人願意付錢給你，就寫。

日本就有這類型的職業作家，例如齋藤孝，寫過上百本書，題材涵蓋領域非常廣泛。

我自己也是如此定位自己的文稿寫作生涯，只要有人願意跟我合作而我又能夠寫的稿子，我都會寫。

除此之外，為了生計以及因應台灣寫作市場微薄的稿酬，我也積極開拓寫作類型。從一開始的出版觀察與書評書介，到後來的兩性關係、職場成功學、心靈勵志、宗教信仰、時事觀察、讀書考試、寫作方法等等，幾乎是來者不拒。

後來我發現，像我這樣的專職文字工作者，在台灣也不少。廣義來說，記者也是。很多記者除了寫日常採訪稿件外，私底下也接企劃組稿工作，另外坊間還有專門協力組稿的代筆寫手，乃至如今已經非常盛行的部落客，某種意義上來說，都是職業創作人。

當然嚴格來說，我並不認為部落客是職業創作人，就像我有個部落格，總流量也超過兩千萬人次，但我並不覺得自己是專門的部落客，反而定位自己是職業寫手、文字工作者，原因在於，我把部落格當成分享我在報刊雜誌上發表過之文章的資料庫／基地，而部落客則是把部落格當成文章首發的園地，且多有自己專精的類型，還有廣告業配文（雖然我也接過一些業配文，但大多是玩票或友情性質，不若部落客當成職業般專業處理）。

在網路／知識／內容／文化經濟當道的時代，有越來越多工作需要具備大量寫作的能力，工作的內容也有很大一部分是寫稿，某種程度上來說這些人都可以視為我所定義的職業創作人，而這些人在準備以自身的專長與喜好投入工作之前，要審慎地研究市場，找出自己的市場定位與寫作利基。

先做市場調查，了解自己投入的領域是何種競爭模式與稿費價碼，有哪些山頭與大牌，自己和他們有無辦法做出區隔？

類型是很殘酷的，頂級美妝部落客一篇文章可以要價八萬十萬，那是因為美妝產業的產值巨大。而像我擅長的這種書評書介領域，最多一篇兩三千塊，因為出版業是獲利相對艱辛的事業。

認清楚自己能寫的領域，以及這些產業的產值與實際支付報酬能力，不要浪費時間在羨慕高報酬的領域。

其次，客觀評估自己擅長的領域，還有文字表現能力（這是風格至上的時代，有獨特的文體風格比內容更重要），以及這樣的能力可以吸引到哪些族群，知道自己將切實切入哪個族群，成為這個族群的代言人或意見領袖。

任何工作都是考量自己的意願、能力和市場需要這三個環節的結果，職業作家也不例外。最好的情況當然是你有能力又有意願且市場需求量大，最糟的情況是你有意願卻沒能力、市場也不需要。無論如何，認清自己即將投入深耕的領域的市場現狀和稿費條件，才不會在投入之後感到挫折，或因為賺不到足夠的現金而離開。

第11件事 工作要有計畫的執行，但計畫要有彈性

談到寫作，有不少人可能以為，這是無法控制進度的工作。一篇文章或一本書多久寫，難以預期。

業餘寫作抱持此一態度當然無妨，職業創作人可不行。別說每篇稿件都有截稿日期，一篇稿件寫太久，更代表收入往下掉，可是要命的事情。

另外一個麻煩之處在於，寫作工作只有交稿日期的約束，交稿日之前都不寫，到交稿日才來趕的狀況，所在多有。

業餘玩票當然也無妨，職業創作人卻不可以如此行。

好比說村上春樹，他的小說雖然不一定何時會完稿，但是聽說他接散文隨筆

的工作，都是很早就交稿了，絕對不會拖稿，而且一口氣會交好幾期的分量。

我完全懂，趕快把手上的工作出清，時間就是自己的不說，萬一新工作進來了，也才騰得出手去接。如果老愛拖稿，新工作進來，卻因為一堆稿債而不敢接，豈不是把錢往外推？

因此要當職業創作人，寫稿工作要預先規劃進度，有規律有計畫的執行，當然執行計劃本身也要有些彈性。

職業創作人接到的邀稿，雖然發案窗口會給交案期限，但是在期限之前，工作進度要怎麼安排，完全看自己高興。沒有人會監督，也不會有人過問，工作進度完全是自己說了算，如果要打混到交案前一天才來熬夜趕工，也完全不會有人責難。

如若不能克服惰性，真的都到了交案前夕才來趕，靠意志力支撐，恐怕再有能力，也做不了這份工作，身體先被自己玩垮。

因此，當我決定全職寫之後，就開始估算每日與每月工作量。再根據當時的每日工作量，推估計算出每月工作量，掌握自己每個月可以承受工作的最大值。之後，再根據每月工作量，反向推估接案與自行從事創作的數量，評估每一個案件需要佔去多少工作天數，抓出每個月的工作行程表（接案之後仍有空餘的部分，就自行安排工作），再平均分攤到每天的工作進度中。

若是接到一天無法做完的大工作時，事先預估可能需要多少工作日，再多抓一點時間，然後將工作切割不同區塊，各自計算時間（例如，找資料讀資料需要多少時間，組織草稿需要多少時間等等），以穩健的速度，緩步推進，一天完成一部分，是最有效率，最不費力的工作方法。

通常我會以「月」為單位，規定自己每個月要寫的稿件數量，再將總量按照我可以寫的文章類型和用稿比例分配。從一開始每個月寫五十到六十篇文章，到如今可以寫八十到一百篇文章。

一個月寫一百篇文章，聽起來好像很多。但是，在台灣，一個沒有任何文學獎背書，沒有博士學歷或特殊社會身分光環背書的職業創作人，想要靠寫字維生，至少就我自己與所觀察到的情況來看，每個月就是要寫這麼多的稿子，才可能維持靠寫作維生的生活形態。

這一百篇文章扣掉固定合作的刊物或版面使用外，還要有被退稿的預期，以及交稿之後刊物或版面不會馬上刊登你的文章，讓刊物或版面積稿，或等刊物有合適主題時再拿出來一起刊登的等待期（一篇文章從投稿到被採用，快則數天慢則一個月，採用到刊出，快則數天慢則一年，急不得，也不能急）。

如果不靠寫作維生，只是寫好玩、當興趣，當然不用在意文章刊登的頻率和速度，但作為靠稿費收入維生的創作人來說，確保稿費收入能持續進帳是很重要的。除了專欄能夠確保每個月有固定稿費進帳，靠投稿賺稿費的欄位就只能勤於寫稿投稿，讓刊物或版面積稿，最後形成一種穩定的合作關係。

不光只是我這麼做，不少自雇工作者也都是以這套方法來執行每日工作進度。例如，我認識的資深翻譯工作者，規定自己每天要翻譯兩千到三千字，作為每日的基本工作量（當然有時候工作進度順暢時會多做一些，有時候不順或碰到比較困難的稿件時會翻少一些）。

世界知名的暢銷作家村上春樹、史蒂芬金等人，也都是這樣規劃自己的日常工作進度，有的人要求自己每天完成一定頁數的稿子，有的人則是要寫滿一定的時間才停筆。

不只是職業作家，任何工作型態都一樣。事先根據手上的工作量和工作時數，切割分配，每天定時定量的完成固定工作進度（每天要先完成預定工作量才可以休息，或處理其他工作雜務），逐步完成手上的案件，是最穩健的工作方法。

好像跑馬拉松賽跑，不會有人從頭到尾全都以高速衝刺的方式完成，而是會平均分配體力，設定跑完每公里的速度，一小段、一小段準確的完成。

靠天分才能或腎上腺素的爆發力，在極短的時間內完成工作不是不可能，偶爾碰到緊急狀況也必須如此做（例如臨時當救火隊幫忙趕案子時），但只可偶一為之，不能變成常態。

規律的作息，穩健的完成進度，才是完成艱鉅工作的王道。

當然，人非機器，總會有意外狀況或力不從心的時刻，因此在分割工作，進行規劃時，應該留有一點模糊的空白地帶。例如，預計十個工作天可以完成的工作，或許放寬到十一或十二天。如果真的提早完成，再將其他工作進度挪前，或者乾脆給自己放個小假。這是為什麼工作量的預估要以月為單位，因為如此才可以在月份之中自行彈性調整，不至於把自己逼得過緊，否則可能因為遲遲無法達成預定目標而感到挫折氣餒，甚至最後放棄全盤計畫。

創作人一定要製作進度規劃表（事先規劃也是一種對自己的承諾、約束，有助於走在計畫道路上），讓事先規劃並確實完成工作進度成為一種好的習慣。只不過，不要太過理想化的預估進度，要將人的惰性與意外狀況納入考量，計畫有些彈性，落後時還可以想辦法追趕上的進度規劃方式，是最人性也最可能達標的規劃方式。

一個月寫一百篇文章，說多不多，除以三十，平均一天只要寫三・三篇就可以。如果單寫一到兩種文章類型，當然受不了，眼下的台灣也沒有那麼多同質性的版面可以刊登文章，就算有，刊物或版面的負責人考量到寫手群，也不會大量採用已經在其他刊物或版面已有大量發表文章的寫手的稿件。

除非你是一個每次出書都能銷售破兩萬本，而且每年至少出一本書，或者寫一篇文章就能入帳一萬元以上的稿費，每個月至少能刊出四篇文章的知名暢銷作家，否則多數人應該都是領基本稿費。

領基本稿費的文字工作者，必須靠龐大的寫作量與文章刊登量來支撐自己的寫作事業，不可能只是被動等人邀稿，或者只寫一兩種自己想寫的文章，無論你的文筆多好，文字造詣多高。這事無關才能高低，和市場大小以及寫手的市場價格有關。

尚未成名或成功之前的文字工作者，唯一可行的做法，就是擴大寫作領域。以我自己來說，從專業小眾的出版觀察、書評、社會文化評論，到大眾市場的兩性關係、職場成功學、信仰勵志小品、生活隨筆、旅遊隨筆，甚至一些比較冷門的讀書法、主題閱讀推薦，比較專門的新聞或人物採訪稿件等，我都寫。

每個人可以寫的文章類型不同，唯一可以確定的是，在台灣光會寫一兩種類型的文章無法餬口，而對**一個有志於專業寫作的文字工作者來說，寫作題材是沒有侷限性的，不應該預設立場，未審先判、劃地自限，認定什麼樣類型的文章（不）可以寫。**

如果是小說作家，由於可以刊登小說的刊物或版面更少，投稿方式當然有所不同，若想靠寫小說維生，除非成為暢銷作家，不然就只能大量寫作（九把刀每天寫五千字小說，出門一有空閒就拿出筆電寫小說），至少一個月能寫出一本（字數不用多，五到七萬字即可），且都能找到出版社賣掉稿件（或者找到願意幫你出書且能拿到稿費的出版社）。

台灣坊間一些已經成名且暢銷的大眾小說作家，尚未成功之前，也是持之以恆的大量書寫，這就是為什麼九把刀還沒三十歲，就已出版超過四十本書；御我、橘子、蝴蝶等人年紀輕輕，也都著作等身。

九把刀走紅之前，有兩家出版社願意支持他，即便倉庫裡已經堆了一堆賣不出去的庫存，還是繼續幫他出新書，這樣的伯樂，你得想辦法替自己找一兩個！

不只台灣，對岸近年來崛起的暢銷作家，不少人也都是年紀輕輕就著作等身，完全是因為熱衷寫作，持之以恆地寫自己想寫且能寫的作品，不計社會毀譽。

除了這些成功的暢銷作家本身就很熱衷於寫作外，更重要的是，靠著大量寫作、大量出版來賺取稿費與生活費。

規律工作有個好處，肌耐力會逐漸變得厚實而穩定。以我自己來說，當年一開始給自己規定的每月工作量是完成六十篇一千到三千字的稿件。一開始很辛苦，一個月約莫只能寫到四五十篇，後來慢慢磨練，寫作肌耐力好像也變強了，提升到八九十篇，甚至偶爾上百篇也沒問題。這兩年慢慢工作型態變得多元了，寫稿的量變得更大，且還處理很多外務工作，像是上課、演講、錄音、錄影等等，但卻沒有以前那麼壓力不從心，也都是拜規律的計畫並確實執行所賜。

製作「進度規劃表」，事先規劃也是一種對自己的承諾喔～！

第12件事 不能幫自己談個好身價，至少也要懂得保障自己的權益

一直以來，聽到過很多朋友、前輩和我談起合約的事情，大多是不滿抱怨居多。剛好自己入行多年，寫過的書也累積了一些（雖然未必賣得好），但簽過的合約也真不少，還幫不少朋友看過合約，對於如何替自己談個好身價，略略有一點點心得，可以跟大家分享一下。

合約中與金錢有關的部分，主要集中在**版稅稅率**、**付款方式**、**付款時間**，還有**公關贈書**四大項。

先來談談比較簡單的部份，出版社買斷。

通常我不建議作者簽賣斷合約，無論單篇文章或書稿，但有時候形勢比人強，或條件就是很優渥時，還是要識時務。只要對方開價夠高，還是可以考慮賣斷。

不過，可以試著跟對方討論一下，能否簽訂幾個但書。

單篇文章的話，允許將來若有機會集結出書時，跟原單位共享版稅，或請原單位再給一筆刊登費。

如果是專書賣斷，則爭取海外版權能否斟酌支付一些費用，還有將來如果要修訂改版得重新付費。

再來談版稅，最好的情況當然是對方願意預付版稅。最糟糕的情況至少是書籍出版或文章出刊後的下一個月，支付現金或當月票（最最糟糕是三個月票，千萬不要答應比這個還差的條件，會開長票期的出版社，極可能有現金周轉問題，小心自己成為最後被跳票而拿不到錢的傻瓜）。

總之，從票期還是可以看得出出版社的營運狀況。

目前坊間版稅率約莫落在百分之五到十五之間。版稅多少倒是其次，沒有資歷的新人也許少一點。但是，你可以跟出版社要求累進式版稅，銷量超過某個門檻時調高版稅率，不要採固定版稅稅率。

版稅支付有一次付清首刷、支付部份成數（例如七成，剩下三成再刷時才支付），或者銷結（一年一結或半年一結）。

在台灣，除了少數大牌作家有自己的版權經紀人，代為處理一切版權事務外，其他絕大多數中小牌文字工作者或寫手的合約，均由自己操辦，和出版社洽談。交給版權經紀人的缺點是會被抽傭金，但好處是版權經紀人手上同時握有各種等級的作家，可以運籌帷幄，替有潛力的創作人談到一份好合約。

然而，沒有經紀人保護，甚至是出版業菜鳥的寫手，該如何談出一份好書籍合約（最主要就是「累進」版稅率、首刷印量、定價、出版時程／時限、再刷後之版稅支付模式、合約年限、延伸版權權利歸屬），確保自己的身價不被糟蹋，同時也讓出版社感到滿意，不認為自己是把錢丟到水裡，其實是需要做一點功課的。

說來荒謬，有不少寫手（甚至很資深的），並不知道市場上的基本合約行情，導致自己的價碼，完全看出版社高興，甚至碰到一些不良的出版社，在合約上東扣西減，到最後辛辛苦苦完成的稿件，要半年一年後才能拿到錢不說，很可能還只有薄薄幾張小朋友，付出和所得的強烈不平衡，使得有志於創作的人灰心、失望。

雖然近幾年台灣出版產業不景氣，寫手合約沒有過去的好，但是，還是有一定行情可以依循。

基本上，一位寫手的書籍合約行情，端看寫手過去出版之書籍的銷售量、市場評價，媒體曝光量（以及平均稿費）而定。簡單說，越有市場價值的寫手，合約起跳行情就越好（但是，前提是寫手必須認清自己的市場行情，這一點有許多寫手都搞不清楚，甚至有點任出版社擺佈）。

如果你是個穩定在大型報刊媒體上曝光，且有固定專欄，曾經出過書（且賣光首刷）的寫手，你又是即將出版的新書之領域的主要寫手或代言人，則出版社為了尊重和表示合作誠意，最好在你交稿確認無問題後，支付部份版稅。版稅至少應該在百分之八到十二起跳，且按照書籍銷售狀況，收取累進版稅

（至高為百分之十五）。至於再刷版稅之收取，最好是每次再刷便結清，最差也該每年（提出銷售證明）按照實際銷售數字結款。

另外，合約授權以五年一換為佳（七年以上則太久），若出版社無法替你洽談海外版權，務必要求歸自己（我認為，有實力的作家至少都應該挑戰大陸簡體字版、韓國版、日本版等海外版權的銷售，具備佈局東亞的野心）。其它延伸版權（例如漫畫、偶像劇、電玩、公仔等周邊商品等），若出版社無力洽談，最好也爭取歸屬於自己。未來是異業結合的時代，內容經紀勢必會崛起，內容生產將是產業火車頭，有實力的寫作者在創作之餘，必須用心思考如何創造市場價值的極大化。

如果你是新手，懂得替自己投稿的書籍製作市場企劃書，詳細說明書籍特色、目標讀者、市場規模，甚至將封面文案、書籍大綱全都寫好，讓出版方能夠一目瞭然，比較能夠替你爭取到較好的合約。

一般來說，如果是全無經驗且不懂自我包裝的新人，光拿著書稿到出版社要求出書，能夠爭取到百分之五到十起跳的版稅，起印量兩千本，出書後付款，已經很不錯（甚至現在有些出版社為了降低風險，僅支付首刷五到七成不等之版稅，低於五成者不合理）。若是大眾小說，二到四萬元賣斷的合約也還可以接受（其他延伸性權利則是和出版社共享，各分得百分之五十）。

稿費和版稅的所得稅報稅項目通常是9B（每年每人有十八萬免稅額，超過十八萬的部分還可以固定享有百分之三十免稅，不用舉證資料），若跟報章雜誌等熟悉出版業務的公司以外的單位合作時，要提醒對方的會計，在稅務上幫自己申報9B，有些單位會報50，稅率差很多。能夠少繳稅，也是一種多賺，別讓自己的權益睡著了。

另外要注意的是，單筆金額滿兩萬元，出版社（付款單位）依法會先代扣百分之十的稅額，但可和對方協商，能否代為拆票支付，畢竟對外包工作者來說，超過兩萬的收入不算少，能夠不被預扣最好。當然如果超過五萬以上，拆票得超過兩期，就不好請對方拆太多張票，增加對方的麻煩。

另外，若單筆金額超過五千元，付款單位得另扣百分之二的補充性保費（二代健保），雖然收款人若加入同業工會（非「公會」）可以抵免此項，不過是否加入工會或跟著工會保勞健保，我會建議精算過自己的年收入再說，不一定加入工會就划算。（作家可以加入的工會，我推薦藝文工會。）

創作人在合約上要小心的還有一點，支付款項成立的條件。如果出版合約載明是出書後才付款，務必要先小人後君子的問對方，那萬一出版社決定不出時該如何處理？

如果不先談好並寫入合約，你寫的稿子最後不出時，極有可能拿不到錢。別以為不可能，出版社常會因為市場狀況變化或主事者換人而砍出書量。

特別是出版社邀稿而非自己主動投稿的狀況時，一定要對方寫下萬一不出書時的處理方式。

我就碰過幾次不同的狀況，談妥出書計畫最後喊停，還沒寫，有已經寫好出版社才決定不出的。但因為都有跟對方談到這部分的情況，後來都有收到一些資料處理費與組稿費，也許沒辦法像首刷版稅那麼多，但也不至於做白工，而且稿子還是有機會跟其他出版社合作。

千萬要小心的是，合作的廠商以稿件不合用為由拒絕出版或支付費用，雖然明明是他們自己砍出書計畫。

如果是出版社告訴你稿子不合用所以不能出，則務必請對方指出哪裡有問題，並且保證按照出版社方的要求修改。如果對方說不出問題，又執意不出書，就知道責任不全在自己身上。

我曾經碰過因為是熟識的編輯請我幫忙組稿，又推說很趕，所以直到寫完都沒簽合約，最後交了稿對方才說公司不出書了，對我很抱歉。當時我也只好接受這個答案，畢竟也沒簽約。後來竟然發現書還是出了，我負責的部分稿件看起來也很像我寫的，我曾經跟該出版社反映過，但也許出版社已經付過那筆稿費且那位負責編輯也已經離職，總之數萬字的勞動成果收不到半毛錢，記取了非常大的教訓。

對於所有有志於出版工作，且必須大量和出版社簽訂合約的同業先進們，對於合約，我唯一的建議是，無論你對合約議定的條件有多滿意，無論你和合作者的私交多麼深厚，都要先小人後君子，無論是對方的交稿還是付款方式，彼此的權利義務，總之關於錢的部份，務必談的清清楚楚。若不滿意就再議或不簽（不合作），若簽了之後就不要反悔，不要抱怨（即便你認為條件很爛）。合約上有任何吃虧，就當作學一次教訓，未來與新的單位接洽合作事宜時，務必小心。

會這樣說，是因為投身出版產業的許多先進，為人實在都太厚道，甚至感念出版人給自己入行的機會，因此對於合約，採取完全信任的態度，導致自己無形中自貶身價不說，還可能造成無形的損失，拿不到應有身價該有的報酬。

第13件事

記住，創作動機與作品好壞無關

台灣的創作圈普遍有種刻板印象，賣不好或很難讀得懂的文章或作品才是好的，簡單好讀或賣得好的作品都是爛東西。

如果你想成為賣字維生的職業創作人，請拋棄這樣的成見，無論其真實性有多少，都不要受影響。

職業創作人的稿子要能賣錢，就必須讓社會大眾都讀得懂，文字使用上自然不可能偏向艱澀，一定要老少能解的通俗化。

王文華就是最典型的例子，他當年也是文藝青年出身，寫過不少文學獎等級的作品，但就是不會賣錢。後來他決定改變寫法，推出了《蛋白質女孩》熱銷之後，再寫的文章也都是用字淺白、好懂，但卻道理深刻的作品。

吳若權更在自己的書裡明白表示，他研究過市場後，發現要做大讀者利基只能把文字調得簡單一些，越難的文章，讀者群越小，自然不可能暢銷熱賣。

另外一個我認為不太好的成見，就是有志於創作的文藝青年，有個不成文的道德立場，視「不屑為錢而寫」為高尚，看不起為錢而寫的文章。彷彿擺脫銅臭或標榜人格清高，就能自動讓作品升級成高檔貨。

這些人的邏輯是，只要我不是為了錢而寫，而是為了寫作而寫，我的寫作動機純粹，那麼我寫出來的東西就是好。

姑且撇開為了文學獎得獎而寫的作品算不算是為錢而寫（甚至還有為了文學獎攻略而開設的文藝營），我實在不懂，作家為何不能為了投市場讀者或商業利益的需求，而為錢寫作？

再說，為錢而寫，且寫出傳世佳作的好作家也所在多有，例如：狄更斯、大仲馬、托爾金、金庸、倪匡、史蒂芬金，誰一開始不是為錢而寫？難道這些大文豪會因為寫作動機是錢，就讓文章的水準丟失了作家的臉面嗎？

反倒是那些標榜不要為錢而寫，應該為理想、為抱負、為文壇創作留下一點貢獻的熱情的人，最後往往被經濟壓力壓垮而遠離寫作。

另一方面，鑽研得獎風格而寫的文章，真的就比較好嗎？不為錢而寫，就不會寫出令人覺得害臊的文章嗎？為了政治意識形態護航而寫的文章，不是常常更讓人感到臉紅嗎?!

其實，金錢和文字水準間，不必然存在某種對價關係。的確有不為金錢而寫出超凡作品的大文豪，但同樣也有為了賺錢而寫出傳世好作品的厲害作家，當然也會有不為錢而寫但卻是爛文章的東西。

不妨讓我們更根本的面對現實吧！雅俗能賞的文豪級作家非常稀少，充斥出版市場的絕大多數作家，是無論為錢而寫與否（或說為名而寫也沒關係），都是一時之作，而非傳世之品。其中多是為了服務資本主義社會而寫，為了餬口維生而寫，僅有極少數是為寫而寫、而且出現在出版市場。

是否為錢而寫，根本不足以作為劃分作品優異與否的標準，而是寫作者自我標榜或自我定位的一種方式（並無不可，只是要認清現實）。

不肯為錢而寫的創作人，很可能是有志於創作精英文學（我的定義是：寫給知識分子或大學教授等具備符號解碼能力的知識階級看的文章），至於為錢而寫也無妨的創作人，則是致力於通俗文學，或者致力於讓文學或創作通俗化的作家（通俗文學，我的定義是寫給一般販夫走卒、市井小民、普通讀者看的文章），也是我所謂的職業作家。

雖說圍繞著錢這個因素發展出許多奇怪的歧視、敵意或扭曲的見解，但基本上，「動機」是不是錢，不該是分辨作品好壞的標準，這點身為職業創作人必須有所覺悟，知道自己提供給市場上的文字是哪一種等級，不要怕來自某些人的輕蔑與嘲諷（他們可能只是忌妒），也不要因為暢銷就尾大不掉，真以為自己作品很棒。

至於那些讀者、評論人或創作同行，沒有實際看過作品，卻因為別人的寫作對象是普通讀者或者銷售數量高，就將作者視為為錢而寫的三流作家，或者不讀自明的認為通俗大眾文學都是爛，不過是以寫作動機衡量作品的錯誤思考。

美國知名科幻與童書作家史提夫・羅海得說得最好：「重點不是什麼動機

使作家坐下來寫作，而是他在坐下來之後寫了什麼。」創作人為錢（或名）而創作根本不可恥，也沒什麼好被批判的，只要他能寫出符合他寫作類型定義下的好作品就行了。真想要批判那些為錢而寫的作家的作品爛，也請先讀過，並且逐文剖析（看是要用個人主觀論證或者文學比較批評都可以），別因為只是和自己的道德預設立場不合就出口傷人，否則就貽笑大方了。

重點不是什麼動機使作家坐下來寫作，而是他坐下來之後寫了什麼。

——史提夫・羅海得

第14件事
把書籍版稅當紅利，別當正常收入

寫作維生聽起來很浪漫，也已經有不少先進寫過文章，揭開殘酷的內幕。其中一點似是而非，應該挑出來稍微談一下的部分，就是「出書的版稅微薄，光靠版稅想要維持生計很難」這個論點。

版稅的確很微薄，以台灣的情況來說，假設一本書定價兩百元，版稅百分之十，首刷兩千本，且出版社願意在書出後全部付給作者的情況為例，可實領的版稅是四萬元。由於整筆收入超過兩萬，得先預扣百分之十的所得稅金，還有百分之二的二代健保費，實質收入只有三萬五千兩百元。假設一本書五萬字，代表寫五萬字的書，收入只有三萬五千兩百元，平均一個字七角。

如果想要靠書籍版稅維生，至少每個月要能寫出一到兩本書，而且都有出版社願意幫你出版，才可能勉強過活。

然而，一年寫十二到二十四本書的壓力的確太大了，應該也很少有人可以辦得到。當然還是有，知名科幻小說家艾西莫夫，晚年時每七天就能寫出一本小說。不過，除非所出版的書開始再刷甚至暢銷，不然一年出十二本書的生態，也持續不久。過沒兩年，更容易因為書不賣而被出版界列為拒絕往來戶。

所以，殘酷的現實是，**想以文字創作維生，絕對不能一開始就選擇專攻出書這條路，必須複合式經營，而且把出書的版稅當作額外的紅利或年終獎金看待，不能計入正常收入來源。**

以我自己為例，不覺間從事全職文字工作也十年，除了一開始新苗出版社新成立的超邁文化找上門，合作了一系列（最後還另外幫我出了兩本我自己想出的）共九本書，一解我工作收入上的燃眉之急外，其他絕大多數時候，我的收入規劃，都是把書籍版稅當成額外的紅利，而非固定收入。

那麼，**甚麼才是保障全職文字工作者收入來源的工作？**

單就文字撰寫的部分來看，大抵上有兩塊，一是在媒體上擁有固定的專欄**（也就是成為專欄作家）**，二是替報紙或雜誌社擔任特約採訪記者，幫忙做採編。

假設同樣要賺入三萬五千兩百元的收入，約莫是在報紙撰寫十到三十五篇稿件的數量。也許寫作的總字數量也差不多五萬字（但實際上應該更少，約一萬千七千到五千字之間，端看每個版面給的稿費而定）。

最重要的是，無論是讓一家出版社每個月幫你出一本書，還是找到十二家出版社一年幫你出一本書的難度，都遠高於在坊間五到十個媒體單位合作，每個月固定供稿給每個單位一到四篇文章。

想靠文字創作維生，還想經營自己的品牌的創作人，應該做的事情是，先設法找到每個月可以讓自己寫出十到三十五篇文章，並且可在下個月收到稿費的媒體合作，先穩定供稿給這些媒體，穩住自己的日常收入來源。

在還沒穩住固定版面之前，有一些兼差打工，例如：幫出版社校稿或外編，甚至去當排班工讀生的工作，也不妨兼著做。

等到有了穩定的媒體版面之後，接下來就是設法統合自己在不同版面上發表的文稿主題。最好能以企劃寫作的方式，規劃願意固定刊登你的稿件的版面的供稿方向。

舉個例子，大前研一每年在報章雜誌上約莫有四個固定的每周專欄。他總是會在專欄開始之前，先跟版面編輯定下未來一年該專欄所要撰寫的主題方向，以及大致的章節架構。等到專欄連載完畢，就可以重新編排，進行少量增補便可以出版專書。

再舉個例子，假設你是一位兩性作家，一年可以在A報紙發表五十二篇專欄，另外可以在B月刊發表十二篇專欄，這兩個專欄應該各自設計一個可以統籌貫串的主題。如此當你一年的專欄發表完畢後，便有了兩本書的初稿，如果再有固定合作的出版社，很快地就能在書市上見到這兩本書。

以我自己為例，除了前兩年的時間快速大量出書之外，後來幾年雖然也出了不少書，但最多一年約莫出版三到六本書左右。其中有一半的作品是報章雜誌上發表過的文章重新編排整理集結，只有一半左右是專門為了企畫主題而撰寫。

書籍版稅的確微薄，且書籍販售的狀況越來越競爭，暢銷可遇不可求，且就算遇上了，還是不宜把書籍版稅當成常態性收入。因為書再暢銷，總有一天會慢下來，甚至下一本書之後，有很長一段時間不能再出現暢銷書。但是，在媒體的專欄版面需求越來越多的情況下，只要自己寫作的文章類型有市場性，且找得到版面與媒體合作，靠稿費賺取基本生活開銷的可行性比較高。穩定供稿之後，再來思考出書的事情（當然，身為職業作家，書是一定要出的）。

想成為職業作家的第十四件事：請把書籍出版與版稅收入當成年終或紅利來看待，別視為常態性收入，寫作之路才能長久維繫，不會被滯銷、大量退稿或找不到出版社願意幫自己出書的壓力擊垮。

第15件事

學會報稅少繳稅，就是多賺錢

除了管理現金流之外，另一個讓職業作家頭大的當屬報稅與勞健保問題。不像一般上班族，稅的問題很簡單，公司給多少薪水就報多少稅，一翻兩瞪眼。職業作家比較像微型企業，合作往來的廠商不少，每一家都有自己的稅單，而且未必每一家公司都了解寫作工作的稅務別，所以寫作人必須自己搞清楚，免得多繳稅。

職業創作人報稅，要回到最根本，做好接案清單管理。每年跟每一家公司合作的狀況，收了多少稿費，自己要有一份清單，等稅單來才可以核對，不至於發生意外狀況而多繳了不該繳的稅。

管理接案清單，不但能讓你在來年陸續收到稅單時確認有無遺漏（如果遲遲沒收到稅單，例如因為搬家或遷戶籍，可以自己去信再索取一份，以免漏報），還可以透過應收帳款的管理，巧妙的幫你節稅。

舉例來說，如果你在十月交稿，該出版社是交稿隔月即開當月票或付現，則你在同年十一月就會領到款項，稅金將併入該年計算。假設同樣十月交稿，但交稿之出版社所開支票卻是三個月票，那麼兌現將落在隔年一月，這筆稅就會落到下一年。

這對於年收入仍不穩定（大起大落），或者年總收入在報稅與不報稅之間的職業作家來說，善於控制帳款兌現週期，可能省下一筆稅金！

所以，平日要多估算自己的收入狀況，必要時請合作廠商嚴遲付款，讓稅落在下一個年度，也是一種合法節稅方法！

我建議寫作人用Excel替自己設計一個管理接案清單的檔案，以年為單位，其中包括：

一、序號：1、2、3……（統計總接案量）

二、接案日期
三、接案對象（公司／合作窗口／聯絡方式）
四、案件屬性（簡單說明）
五、預估工作時間（以工作天數計，八小時算一個工作天）
六、預計交件日期
七、實際交件日期
八、應收帳款（合作對象應該支付多少錢）
九、實收帳款（最後收了多少錢）
十、收款日期
十一、收款方式（現金、支票／票期）
十二、實際兌現日期（哪一天錢真的到你戶頭可以動用）
十三、總工作起迄時間（從接案到錢拿到手為止）
十四、結案日期
利用表格管理，算出各種接案週期，並估出自己預期的年度總收入，設法找到接案源（必要時主動寄發履歷給相關或可能合作的對象）。

接下來進入正題，直接講報稅（這裡僅談及個人報稅，夫妻申報不談）。

一般來說，正常白領上班族支領的收入，所報之稅別為【50】（薪資，凡公、教、軍、警、公私事業職工薪資及提供勞務者之所得），薪資所得扣除額八萬，加上每人有免稅額七萬七千元、標準扣除額為四萬六千元，最基本的免稅額度僅二十・一萬元。

反觀職業作家，或廣義文化產業之Soho的款項稅別，主要稅別是9A（執行業務費，係指律師、會計師、建築師、技師、醫師、藥師、助產士、著作人、經紀人、代書人、工匠、表演人及其他以技藝自力營生者執行業務所得之費用）和9B（稿費、翻譯費、演講費等，不過要注意，授課和演講的稅別不一樣，如果是個人會變成50，工作室則可以請對方開9A）兩種。

十八萬免稅的9B

9B是和廣大Soho與職業作家息息相關的報稅類別，內藏奧秘。

政府為了獎勵百姓寫作，特別開闢每人每年享有十八萬9B的免稅額，而且，凡屬9B之稅額，皆享有百分之三十可提報為業務成本而免稅的權利，因此，實際上每人每年實際上9B免稅額度是二十三．四萬（十八萬乘以一．三）。也就是說，無論你在9B這個稅務項目中賺多少錢，就是可以直接扣掉百分之三十的金額，不用扣稅（很痛快吧?!一般上班族哪能將薪資扣掉百分之三十免稅）。

在此我強烈建議Soho或從事創作的朋友，就算不用電腦報稅，但也請下載報稅軟體，因為上面已經內建各種計算公式，利用報稅軟體計算9B稅務，它會自動幫你提列百分之三十的免稅額度，算出實際（百分之七十）應繳稅的金額，最後加總。

此外，個人免稅額，基本薪資扣除額和固定扣除額也還是可以使用，全部加起來的免稅額度是四十五．一萬。如果你還要扶養六十歲以上無收入之父母或者二十歲以下尚在就學之兒女，還有親屬扶養扣除額可以扣（七．五萬），租房子也可以扣，總之東扣西扣，可以省不少稅。

不過要注意，如果你合作的對象，不是一般習慣開立9B項目的公司，例如非出版產業的公司，記得提醒對方，稅務別請開9B，否則被誤開成9A甚至50，那就要多繳錢了。

還有，9B收入一旦單筆收入超過兩萬，公司會先替你預扣百分之十，如果金額不是相當大，四萬元以下，我會請合作窗口看看能否拆成兩期支付，畢竟百分之十的現金先落袋也不無小補，等到來年退稅才能領，有點漫長。

另外一個小提醒，如果總財產不到一百萬的，可以存在郵局，郵局一百萬以下的活存和定存免稅，其他銀行之利息則須報稅，雖然不多，可也是錢，而且麻煩。所以，收入最好統一集中在同一個帳戶，避免被賺走稅金。超過一百萬就在郵局定存，管理起來也方便。

只要想一想，我們的勞力都是案件計酬，好比說寫稿稿酬一個字一元。若要繳一萬塊的稅，等於平白寫了一萬字送給政府。

職業作家沒有公司可以依靠，soho族賺的都是實實在在的血汗錢，既沒有公司福利，也沒有病假年終，若在報稅上國家還沒有優惠，而我們也任意輕忽的話，那不是太對不起自己了嗎？

一個小提醒，如果平均年收入超過一百二十萬的話，建議成立工作室或公司，以公司的方式開發票，會比申報個人綜合所得稅來得划算，可以考慮。

最後說一下勞健保，如果你收入高且年紀大，又沒有私人商業保險，我建議一定要加入工會，且加保級距最好保到最高。如果收入不高，或是年輕人，可以考慮加入第六類保險人即可，雖然可能會被多扣百分之二的二代健保，但從絕對金額來看，也許繳的費用比較少。勞保不便宜，且未來可能領不到，不一定非加入不可，請自己試算過再決定。

第16件事

這是低稿酬的創作通膨時代，想活下來只能努力拼命創作

有一段時間我經常常在想，這幾年的台灣，報刊媒體的稿費為何不漲反減？很多人的理由是媒體是夕陽產業，業績不好，稿費自然不高。可是，數位媒體的稿費也不高，但有一些平面媒體還是敢給高價，只是普遍來說，文字的稿酬並不算高。所以，雖和企業獲利能力有關，但也非絕對如此，應該還有其他理由。

後來我想通了，是因為網路崛起，世界上非常大量的免費文字，文字通貨膨脹嚴重，人們越來越不願意付費購買媒體或付費的文字讀物，紛紛轉移到免

費閱讀的部分，造成願意付費給文字生產者的價碼隨之下降。

想在文字通膨時代從事創作，要不就是才情特別優秀，要不就得幸運暢銷，要不就是特別努力，再不然就得多工並進（同時從事多種寫作主題），才有可能突圍而出，而且收入絕對不比過去平面媒體壟斷文字發表權的時代來得好。

考慮通貨膨脹，現在名人一篇一萬元，或一字十元以上的價碼，其實質內涵其實不及過去的一字五元（甚至也依然還是十元），想光靠賣書的版稅收入過活更是難如登天。過去一本書隨便賣可以五萬、十萬本，到如今，一本書能賣兩萬已算超級暢銷。

當然，也不是完全不可能像過去那樣高收入，只是要懂得和其他媒介結盟，例如陳文茜、吳淡如那樣和電子媒體結盟，利用知名度拉抬自身稿費價格，亦或者像九把刀、彎彎的作品，能夠開放衍生性商品授權。

如果單純是職業創作人，作品又不保證暢銷，更要認清現實，抱怨生不逢時或發稿單位苛刻無助於解決問題，因為，還願意付稿費的，已經非常好了。

不過，**稿費雖然不如過往，我卻認為，當代社會是從事文字創作人最好的時代，因為文字創作人投稿與創作的成本大幅降低了，創作人的種類多元化了，而且還可以自己經營媒體（部落格、粉絲團），自己招攬廣告來支付自己的稿費。**

今天的創作人不像過去需要買稿紙、筆、信封、郵票，還得謄寫、投寄，等待通知，花費的時間成本和金錢都遠比今天高；如今只要網際網路加電腦，創作人就可以搞定寫作與投稿工作，投稿更方便，時間也縮短了，而可投稿範圍則大幅增加（全世界的刊物都可投，只要你自信有能力）。

此外，過去的稿費雖好，媒體卻很少，以台灣來說，可以寫作的領域還非常有限，且受到政治管束，並不自由，能夠成為職業作家或賣稿為生，本身已經經歷過一場篩選，其他無法躍上版面的寫作人不知有多少？

再者，過去台灣社會分工仍不細密，寫作幾乎等於文學創作，不像今天，什麼主題都能寫，也不一定要文以載道，搞笑KUSO隨便你，只要有人願意買單就行。

第三，過往的寫作事業乃是由極為少數且特定的作家圈所經營與繼承，非此族類想要進入，非常困難，已經進入者，也得服膺一套潛規則（像是贏得文學獎，認識報刊編輯，認識寫作圈的前輩）。今天，誰都可以寫作，寫完之後發表在部落格上，只要點擊率高，自然有廣告商登門，為你寫的文章買單。

當代職業創作人的機會與出路，遠比過去寬廣，只是我們太過聽信從文學圈傳出來的抱怨，才會誤以為現在的創作環境不若以往，而羨慕過去的高稿費與高版稅。其實就算我們真能生在那個時代，可能根本無法從事寫作工作。

有意投入創作的朋友必須認清現實，社會不會走回頭路，必須試著去了解並且適應新的時代的遊戲規則。除非已經是功成名就的作家前輩，新進的寫作人想成為職業寫手在未來存活下來，必須拋棄對平面媒體主導世界、文字創作者稿費優渥的美好年代的幻想。還想活在過去的人，不是不能從事文字創作，只是絕對不可能仰賴文字創作維生（玩票倒是無妨），最好考慮清楚。

未來的創作人，光懂得創作的本分拼命寫還不夠，還必須懂得營生之道，既能持續寫出作品賣錢養活自己，還能懂得行銷自己，替自己接工作，開拓異業結盟，管理帳務與稅務（不至於有寫作才華卻因為現金流管理不善而黑字倒閉），管理自己的時間（寫作效率），經營個人品牌，經營網站，發展粉絲，接演講開公司辦活動……，成為文商雙全的職業作家，才可能逐步壯大寫作事業，在競爭激烈的未來社會取得一席之地。

第17件事

即便家人、女友不支持，自己也要堅持到底

我想走職業創作這條路，一些不相干的路人甲乙丙聽說後當然會抱持著看熱鬧或事不關己的態度，給一些支持鼓勵的聲音，不過，當年家裡面的人都很反對，還好當時我恢復單身，不然大概也只能分手（雖然還有其他理由，不過曾經因為走出版業這一行，而被某任女朋友婉轉地以「我們沒有未來」為由分手）。

我媽是最無法理解我的工作的人，尤其妹妹有樣學樣喊了好幾年也要走這一行，我猜媽媽大概心裡很埋怨我。只是偏偏我固執任性，不聽人勸，就是不去找份正職工作，又一個人躲在台北，她也鞭長莫及，只能逢年過節或回家省

親時唸兩句。

簡單來說，我算運氣好，走上職業創作這條路，沒有遭遇太強大的反對聲浪，縱然有反對質疑，也只是小小聲抱怨幾句，不至於跟我翻臉或斷絕親子關係。

雖然說，真心實質支持的力量其實也不多。

不過，想成為職業創作人，即便家人女友不支持，自己也要堅持到底。如果碰到親人摯友出於關懷的正面質疑，則務必拿出務實的規劃藍圖跟對方說明。例如，東野圭吾在《歪笑小說》裡有一篇文章就處理了這樣的橋段：剛成為職業小說家的主人翁，登門拜訪女朋友的雙親時，認真地提出了他的寫作與賺錢計畫，而熟悉東野圭吾的讀者都知道，那其實就是他自己剛出道那幾年的規劃，以非常務實且低估的方式計算自己的收入狀況，且有覺悟得勒緊褲帶過日子。

創作人最大的風險就是收入不穩定，這個問題我在其他篇章處理過了，這裡不多談，稍微要著墨討論的一點是，如何讓家人或女朋友轉質疑為支持？

「動之以情」是外加的，還得以「說之以理」作為後盾。

身邊的人支持與否不是光聽你說，而是看你做的事情來判斷。當你說想成為創作人且真的認真執行，作品一天天增加且刊登在媒體上或出版成書，化為真實的版稅與稿費，甚至比上班族還多，即便家人可能嘴巴還是叨唸，內心已經轉為支持了。

如果只有嘴巴說說，卻甚少動筆，也少在媒體上看見你的作品，收入更是少得可憐時，也別怪家人或女朋友不支持，畢竟這個世界上空有理想卻沒有方法實踐的人很多，或者空有理想無法實踐而怪罪環境、自居懷才不遇者也不少，不能怪家人或女友不支持，要讓人支持，就得拿出行動來。

真正能說服家人或女朋友支持的力量只有一個，就是你的努力被看見，且真的有成績出現，而非空口說白話。

這兩年我家老媽已經不再那麼擔心我的工作，因為她發現我好像開始做一些在她眼裡是了不起的人才會做的事情。例如：到大學演講。而且，書也已經出了三十幾本，文章也發表了不少，每年家裡收到的稅單也越來越多，她才稍微安心了。

家人或女朋友的擔心都是出自好意，千萬不要因為對方擔心提出質疑就和對方吵架，或誤以為他們也是不支持你、不懂你的凡人。家人或女友當然是先考慮我們作為一個人的生存能力，其次才是能否完成夢想。畢竟這個世界上有夢想且能完成的人，只是極少數一群幸運兒。其他人並非都不努力，而是很多事情光靠努力也無法完成，還得有很多的幸運和機緣巧合，別怪他們擔心。

還有一點很重要，**這年頭讀者之所以掏錢買書，大多不是因為作者寫得好，更多是認同作者這個人的理念，以及為了理念所付出的努力**。想成為創作人，如果連家人或女友都無法說服他們相信你是玩真的，又如何讓你的讀者相信並且掏出他們辛苦賺得的血汗錢購買你的作品？

不妨換個角度想，把家人或女友的質疑，當成你的讀者或編輯的質疑，或許你就懂得該如何說服他們支持你了。

第18件事 不能有自己的工作室，至少要有個沒人打擾的專屬寫作空間

吳爾芙曾經說過，女人如果想要寫作，得要有自己的房間。何止女人需要自己的房間，男人也需要。

本書一開始就提過了，想走職業創作這條路，第一件事情，就是不要在咖啡店寫稿。

那麼，應該在哪裡寫稿？

記得我開始成為全職文字工作者之後，立刻戒掉了上咖啡店寫稿的習慣，改在家裡寫稿。當時跟人分租一層公寓，我使用主臥房的房間，有獨立衛浴，

還有一張書桌。每天早上起床後，就坐在書桌前寫稿，直到寫完當天的份量後，我會騎腳踏車出去閒晃。

後來結婚搬到新店，租賃的房子比較大，有了專屬的工作室，每天早上起床後，就窩在工作室寫稿、讀書或回信。

總之，除了偶爾的採訪工作或不得已的情況，極少會在咖啡店寫稿。

想成為職業創作人，得設法替自己弄一個專屬的寫作工作室，如果不能有專門的工作室，至少要有一個不被打擾的專屬書桌（寫作空間）。

幾乎每一個職業創作人都有自己專屬的工作室，即便沒有專屬工作室也都會有專屬且不受打擾的寫作空間，雖有人四海為家，到處寫稿，我也不推薦這樣的寫作型態，那對寫作人的注意力耗損太大，只會降低寫作效率，對於賣稿維生的職業創作人來說，CP值偏低。

我知道九把刀當年說過，他只要搭捷運超過五站就會拿出筆電來寫稿，也標榜自己無處不能寫，但我相信這標榜成分居多，想強調的是他的寫作熱情，我想他的主要稿件還是屬在專屬的寫作空間裡完成，而非捷運或某些表演寫作的場合。

我目前的工作室大概兩坪大小，有一張書桌和電腦，房間裡主要堆滿了工作待看以及需要使用的書籍資料，另有一些文件，都是方便我寫作時取用。

前一陣子還耗資重金買了一張很好的椅子，對職業創作人來說，好椅子很重要，保護脊椎，讓自己不至於太累。

每當我進入工作室時，都希望能和外界適度隔絕，讓自己安心寫作，不怕被打擾或打斷。也因此，通常我都會跟合作的廠商說，有事情Email或line聯絡就好，非不得已不要打電話，特別是中午以前不要打電話，我是不會接電話的，為的就是害怕在寫稿時，被強行介入的外力干擾。

有個專屬寫稿工作室的目的，就是不要讓自己被外在環境干擾，能夠安靜的工作。或許對其他人來說，寫作不過就是坐在電腦前打字而已，被打斷就再接上就好，有甚麼好大驚小怪的？

當然一旦真的被打斷了，寫作工作還是可以再接上，寫出來的東西也未必會比原本的東西差，但無論如何就無法寫下當時腦中正構想的那些文字，寫出來的文章必然與原先的構想相去甚遠，因為思緒被中斷且置入太多新的干擾變項，思考已然又出現改變。

寫作是一個需要極度專心的活動，如果順利，人會彷彿進入「心流」狀態，完全不會感受到時間的流逝之驚人，甚至不會飢餓或口渴，只一心一意的專注在眼前的文章撰寫。

我自己偶爾也能進入此一狀態，特別在處理大型稿件作業時，常常埋首下去組稿，再抬頭已經過了好幾個小時，且錯過吃飯時間，卻完全不會感覺到飢餓，直到稿件完成之後，才重新恢復與世界的連結。

想要經常處於如此專注的工作狀態最好的做法，就是替自己安排一個專屬的工作室，不要隨處都能寫稿。雖然我也是隨處都能寫稿，但還是在工作室的效率最高，且時間最長。

專屬工作室除了讓人不被打斷之外，還有一個好處，就是資料都在手邊。在咖啡店寫稿的缺點就是，查找資料很不方便，資料不能隨身攜帶，雖說網路很方便，但寫稿時很多的資料是書籍而非網路文章，並不是那麼容易攜帶。

一個好的工作室未必很寬敞或華麗，簡陋窄小也無妨，關鍵是能讓自己封閉且安靜下來，工作所需的器具和資料都在手邊，不會太容易被外界打斷或干擾就可以了。書桌的功能雖然沒有工作室好，但如果書桌是位於創作人自己的房間，那麼也類似工作室的功能。

第19件事 完成的案件數量，比投入的時間量更重要

工作加班沒有加班費的事情，三不五時就會被媒體拿出來炒作一番。關於加班費，如果是出賣體力活、行政庶務、工廠流水作業線或者排班性質的工作，當然有超時就一定要給，絕對不准賴。

比較棘手的是知識型工作者，到底該怎麼算工作時數？給加班費真的「正確」嗎？假設一個公司聘用的文案寫手，寫得又快又好，總是準時下班，比起寫得很好但比較慢總是要加班的人，收入反而少，不是很奇怪嗎？

那麼，職業創作人又該如何評估產出的產值與效率？是看作品的評價嗎？雖然也可以，但我覺得，更應該看作品的數量以及所能為自己創造的收益

而定，簡而言之，就是完成作品的時間成本與效益的CP值。

以我自己為例，坐下來組織一篇稿件的時間，約莫十五分鐘到兩個小時之間，但是，從開始組稿之前的定主題、找資料、閱讀，乃至工作用書的採買所花的時間該如何認定為工作時數，是許多研究勞動的學者都感到困擾的事情。

以工作時數支薪的做法，完全不適用職業創作人。對職業創作人來說，比起在乎投入工作的時間多寡或作品的好壞，更應該留意的是完成工作的數量，以及完成這些作品所需投入的時間。有心成為職業作家的朋友，對自己投入的工作時間所能創造的效益評估，特別重要。

每次看到有人推出新書，宣稱這是自己構思多少年的鉅著，我常覺得這只是很久沒出書的宣傳噱頭。

一些老作家喜歡標榜自己一天產出有限的字數，塗塗寫寫一整天，僅得五十或一百字。

這些都是很要命卻常見的迷思，彷彿寫得慢又少才是好，寫得快又多就是糟糕的垃圾。寫得快或慢，跟作品的好或壞無關，跟面對工作的態度有關。一般來說，寫得快的人，通常也寫得多，寫得多也是一種累積寫作實力的方法。一篇文章反覆修改一百次到好，跟寫一百篇文章琢磨文筆，長遠來看是殊途同歸。而且對職業作家來說，後者比前者好，因為後者可以拿一百篇文章的稿費，前者只有一篇。

很多作家早年和後期的作品都有很大的不同，例如東野圭吾，越寫越進步，不能不說和長時間大量寫作有關。

也因此，對職業創作人來說，接案的數量遠比投入工作的時間重要。以我的工作狀況為例，我更關心的是每個月可以完成的工作案件量，而非每個月投入工作的時間。作家為了完成稿件所花費在準備的時間，很難確切估計，有些準備工作看起來不像在「工作」，像是讀書、逛書店，或因為休閒時觀看電影、電視所獲得關於工作上的靈感，雖然也很難明確量化管理，但還是盡可能抓個大概，心裡有個底比較好。

對職業作家來說，比起在乎每天或每個月投入多少時間在工作，更應該關心每個月產出多少成果，收入了多少報酬。

我根據寫作與出版產業的付費模式，給自己制定了每個月完成六十到九十件案件的工作數量。如果低於六十件就是不及格，必須檢討工作狀況，如果超過九十件則是狀況良好，但也不會勉強自己再挑戰更多的工作量。

此外，維持穩定的案件完成數量，就會連帶回頭影響工作時間的規劃與安排，維持在某種穩定狀態下，反而比起只關心投入的工時而不關心完成的案件數量來得有效控制工作時間。只看投入工作的時間而不去留意工作進度或成果，往往容易迷失於工作之中，像是投注太多心力於收益低的工作項目，造成整體成效不彰且過勞。事先決定每個月的工作完成案件量，才會妥善的安排每天必須完成的進度，有效掌控執行案件的時間。

畢竟，關於該花多少時間工作，是沒有一定標準的，每個人的狀況都不一樣，只要不影響到家庭生活且身體能夠負擔，能夠正常的吃飯睡覺，其他就看每個人對於工作所寄望獲得的成果而定。

職業作家更應該關心的是，
每個月自己能夠完成的工作案件數量，
以及這些案件能夠帶給自己的收益狀況，
而非投入的工作時數。

第20件事

具備隨時讓工作插隊，且順利完成的實力

剛出社會的那一年，我單身，工作上軌道之後，不免想找個對象。當時我蠻欣賞公司其他部門的一位女同事，剛好因緣際會也認識了，三不五時會聊天，偶爾早上會順便幫她買早餐，漸漸也就熟了。

好不容易，終於敲定了某一天晚上一起吃飯（傳說中的第一次約會），餐廳都訂好了，結果那天快下班時，部門主管宣布要開會，我跟老闆說晚上有事想請假，老闆不准，說是全員都得出席。最後會開到八九點，晚餐之約只好取消，也就沒有後續了。

隨著在職場的時間拉長，見識過各種各樣因為臨時插隊的工作而發生的

意外狀況，了悟了一個道理，一個人的成就，是看「插隊力」的高低而決定。越有能力或職位越高的人，越能插隊，讓別人優先處理自己的事情。所以許多老闆膽敢在五點半的時候開口交代工作，要求明天一早交到自己的桌上，不管你手上有沒有其他案子，或下班之後有沒有其他事情。反正，明天早上老闆的辦公桌上要出現成果，至於老闆是不是真的那麼緊急，非得隔天一早就看到成果，只有天知道！

不要責怪老闆插隊，害你加班或其他工作遞延，這是組織運作的法則，有能力或職位高者，被授予插隊以優先完成其工作的權利。

插隊，理論上來說是因為組織運作，必然會碰到需要緊急處理的重大或意外狀況，公司所有人必須停下手邊例行性工作，優先處理。通常有資格插隊的都是高階主管或負責重大專案的團隊成員，所以，評估自己手上的工作有無資格插隊，其實也是了解自己在組織裡真實地位的一種方法。

因為組織運作總會發生需要臨時插隊、優先處理的事項，反過來說，有能耐接下插隊工作且妥善處理完成的人，會被組織或公司高層信賴甚至重用。

被老闆臨時交代工作延誤了約會或私人生活固然令人生氣，若真有正當理由而非老闆故意整你，某種程度上也可以視為老闆看重你的工作能力的一項指標。

一個人在組織裡要獲得認可或信任，能否順利處理妥當臨時插隊的工作是重要的評估指標。

以我自己的寫作工作的經驗來說，日後很多固定合作的夥伴，一開始接觸都是幫忙處理臨時救火的緊急工作。合作的窗口也大多是臨時接到插隊工作需要找人處理，多方打聽之後才找上我。

許多人對於插隊工作之所以手足無措，是因為雖然明知道工作上就是得處理臨時發生的意外狀況，內心卻很抗拒，且從不針對可能發生的意外狀況做一些事先規劃。插隊其實也是有跡可循的，跟公司營運模式或老闆的做事方法有關，如果能留心觀察，甚至可以預先料到接下來可能會有什麼樣的插隊工作落到自己頭上，可以預先做好準備，把可以做的部分全都完成。

以我的狀況來說，偶爾會接到臨時的邀稿，這是日後能否發展成固定合作關係的重要契機。是以平日在我固定撰寫的文章類型，都會累積一定數量的存稿，有時效性的文章也會每天做一些重點摘要或筆記整理，如果沒有插隊工作找上門就當練習，萬一有的話，很快就能完稿交件。

一個能夠順利地接下插隊工作並完成的人，一定能和對方建立起無可取代的信賴關係，對於工作開展大有幫助，不妨試著預測或準備自己工作範圍中可能會碰上的意外插隊狀況，相信再次碰上臨時的工作一定不會兵荒馬亂，可以遊刃有餘的輕鬆解決！

想成為職業創作人，必須具備隨時承接插隊工作，且如期完成的意願和實力。這是開拓新合作廠商的關鍵契機，不要隨便拒絕插隊工作，即便為了插隊工作得熬夜趕工也是值得的，你願意為對方付出的心意和實質成果，將成為日後與對方建立長久合作關係的基石。

萬一真的沒辦法接，我也不建議婉拒，不妨推薦給你信任有能力完成的同行。這種轉介不求回報，但求在同行間建立一個無形的協力網絡，大家會很有默契地知道，萬一某項工作我做不完或接不下來時，可以轉介給誰處理。

總之，別輕易回絕工作，除非是你道德倫理不容許的跨越的界線。

當然，如果對方永遠只找你救火而不願意發展成常態性的合作關係，下次你真的忙不過來或工作滿檔時，不妨就婉轉拒絕。不過，如果可以，儘量還是與人為善，別因為對方只是找你救火就厭惡此人的案件，畢竟對方還是發案子給自己做，為我們帶來實質收益，不是嗎？

永遠要對這一點心存感激！

第21件事 持續安打比全壘打更重要

鈴木一郎，持續連續十年以上，每季大聯盟出賽都擊出超過兩百支安打，創下世界紀錄，更有單季擊出兩百六十二支安打的驚人紀錄。若合併日本職棒時期的安打數，總計生涯已經超過四千安。

聽說鈴木一郎當年打算挑戰大聯盟時，深知在人高馬大的大聯盟選手中，想要殺出一條血路，不可能靠成為全壘打王這種不切實際的夢想，於是另外替自己制定了目標，成果就是日後震驚世界的連續十年擊出兩百支以上安打的世界紀錄。

在設定成功的目標時，不少人常會誤將世人最讚歎且佩服的標準，拿來當作自己的目標，卻忽略考慮自身的能力。

再舉個棒球的例子，王建民以伸卡球見長，雖然不是棒球迷熱愛的強力三振型投手，卻也穩紮穩打的拿下了連續兩季十九勝，亞洲投手在大聯盟第一個拿下超過五十勝的地位。如果王建民為了迎合市場的三振需求而改變球路，也許難有今天的成就。

從事文字創作工作超過十年的我，如今想來，很慶幸地從一開始就認清自己沒有拿下文學大獎的實力，早早放棄挑戰文學獎，轉戰各種有稿酬的投稿、特約採訪與企畫寫作工作，後來又接觸了演講與授課工作，逐漸在Soho工作上站穩腳步，雖然不是一般人想像中靠著拿下高達數十萬獎金的文學獎首獎出道，卻也另闢蹊徑地走出了自己的一番風景，走出了自己的職業寫作路。

職業創作這條路。本來就沒有非得如何不可的規定！只要你根據自己的能力，規劃出一套能讓自己賺取稿費和版稅以維持生計的工作方法，並能有效且持續運作下去，你就是職業創作人，即便世人不認同，也無所謂。

如果說文學獎是全壘打，那麼每一次投稿被採用就是安打。在自知沒有擊

出全壘打才能的情況下，選擇一步一腳印的累積安打，是我為了成為文字工作者的戰略。

為了達成這個目標，在投身全職寫作工作之初，我認真地研究了坊間所有的投稿欄位，除了世人所熟知的幾個大報紙外，其他較少人知道的小報紙，乃至與我自己信仰相關的基督教報刊、雜誌，還有政府單位發行的各種可接受投稿的刊物，都被我納入投稿範圍。

剛開始全職寫作工作那一年，除了幸運地從一家出版社那裡，接到一系列的企劃組稿工作之外，每天的行程就是根據自己安排的投稿進度，撰寫各式各樣的文章投稿。若被退稿，則改投其他媒體的同質性版面，若不幸全都被退稿，就把文章貼到自己的部落格跟網友分享。

除了投稿和固定的企畫寫作外，我還盡可能地寫下所有自己想寫或覺得有興趣的主題的文章。某些文章雖然始終沒有賣掉，卻意外地成為我日後出版作品中的部分內容。

村上隆在《創造力的極論》一書提出一個看法：比起有才華的創作者，有自覺能力不足且知道自己特長的人，更能夠在藝術創作領域活下來。他說自己有個徒弟，創作能力不是很強，但很知道自己的特色，結果每次創作的作品，幾乎都能順利賣出去，結果就這樣順利活下來了，相較於其他更有才華但沒有覺悟、或者不知自己特色的人，反而撐得更久。

其實不只是藝術創作領域，寫作領域也是，我自己就是。在台灣，比我有才華卻沒能以寫作活下來的人太多了，他們或許有很多高尚的理念需要堅持（非得拿文學獎，坐在家裡等人邀稿，非某某工作或稿酬一個字幾元以上不寫），而我對自我能力的局限非常有自覺，知道自己的定位在哪裡，能寫甚麼樣的文章，絕不好高騖遠不切實際，而是一步一腳印的累積每一次微小而確切的成功經驗。

在創作領域工作，能活下來、撐得久，比什麼偉大理念的堅持，都來得重要，特別當你還有家要養的時候。

一路走來，我只能說，所有做過的事情，都沒有白費。

每一次的上場揮棒，無論是擊出安打，被三振出局，都成為下一次揮棒的重要經驗。很慶幸地，很早我就認清自己的能耐，還有台灣文字工作的整體局勢（文學獎出身不再是加分甚至是自我侷限的一種框架），並依此制定了「不求大勝，只求不斷穩定而確實地累積小勝」的方式，開展文字工作，但求有機會實戰磨練，不求虛名，只求實利，靠著一次又一次的微小安打，在錯誤中學習，不執著蠻幹，規避可能做白工的風險，一點一滴的累積自己的戰果和實力，逐步擴張戰線，張開自己的寫作網，建構日後得以長期穩健獲利的布局，慢慢地朝我想要走的方向邁進。

不求大勝，只求不斷穩定而確實地累積小勝，所有做過的事情，都不會白費！

第22件事 在達到靠稿費維生之前，只要能活下去，什麼都做

成為全職寫作人，轉眼已經第十年。之所以能夠活下來，除了有紀律和規劃的工作，不嫌棄稿酬低廉外，還有一點我覺得很重要，我把自己身上所有能夠賣錢的部分，全都訂上價格，公開販售。

舉例來說，當年為了報考研究所，我開發了一套讀書技巧，不僅後來順利考上理想的研究所，還拿下當屆榜首。考上研究所之後，我陸續將這套讀書考試方法傳授給身邊想考研究所的朋友，他們後來都順利考上，證明此套方法的確有效。後來，我就開始對外招攬想學的學生，更把讀書考試方法寫成了好幾本書，另外開了一門訓練讀書能力的課程。

為了堅持自己的寫作工作，我把過去擅長的事情也全都寫成了稿件，賣給出版社，換取收入。

常常我們誤以為，工作就是上班，處理公司交代的事務，以此賺取收入。如果想賺外快，也多從人力銀行網站上提供的職缺，去找尋合適自己的工作。極少有人會想到把自己的專長拿出來販售，即便許多人在大學時代都擔任過家教，甚至從小到大學了不少才藝，卻沒想過以這些特殊專長來賺錢。

當年我有個室友，是澳門僑生，家境狀況也不理想，來台後必須自己打工賺取生活費。可是剛來台灣的時候，中文說得並不好，就算想教家教，人家可能也不敢請？

那怎麼辦？

他老弟趁著學校的社團宣傳週，跑遍全校，四處宣傳他即將開設的「廣東話班」，沒想到真給他開成了，一來教人學廣東話，賺取生活費，二來自己也可以練中文。等中文練熟了，又可以去外面接家教。

直到他畢業離開學校，開始上班後，還是一直開設廣東話班，替自己賺外快。

不僅如此，後來他還迷上調酒，趁著下班時間跑去酒吧當酒保，跟著酒保學，甚至跑去考了調酒師執照（本來還打算挑戰花式調酒比賽，但是練習實在太花時間才放棄）。拿到調酒師執照後，又開始開班授課。

回到澳門後，他順理成章地投入了酒水工作，年紀輕輕，收入非凡。

想成為職業創作人的朋友，有一些人誤以為，今天我立志成為作家之後，其他跟寫作無關的事情，都不可以再做了。

不是這樣的。

在能夠完全靠稿費養活自己之前，想堅持走在寫作這條路上，必須把自己身上所有能賣錢的能力全都拆解下來變賣才行，必須捨棄所有不必要的尊嚴才行。

寫作多年之後，我也琢磨出一套自己的方法，後來也開了課程，傳授獨門寫作技巧，擴展自己全職寫作工作的營業項目，而非僅僅侷限於寫作本身。

還沒能真正靠版稅養活自己，還沒真正地成為獨當一面的職業作家之前，我們除了積極接下所有能寫的稿件工作之外，還應該**主動盤點自己所擁有的專長或興趣，如果可以課程化或商品化（出書也是一種商品化），提供給市場上有需要的朋友，那就去做。**

不是下定決心要靠寫小說維生的人，就不能寫非小說類的作品，賺錢養活自己。能養活自己的作品，都是值得尊敬的，沒有不入流的。如果養不活自己，被迫離開寫作之路，那才是真正徹底的失敗。若是為了養活自己而寫了一堆不入流的作品，最後當你終於成功在職業作家這一行留名時，那些都將成為光榮的印記。

我們絕大多數人，都只會去做想做的事情，卻忘了「做不想做的事情」，也是「完成想做的事情」的關鍵。

在市場上販售自己的特殊專長或才藝，不但幫忙有需求的人，還能賺取收入支持自己繼續從事想做的工作，一舉數得，何樂不為？

「做不想做的事情」，

往往是「完成想做的事情」的必經之路！

第23件事 成立粉絲團很好，但別忘了成立部落格或網頁

每次上寫作課或出版提案課程，我都會問學員，「有沒有自己的部落格，或臉書粉絲團」？

通常絕大多數人都有臉書，有部落格的少很多。大抵是這幾年部落格不流行了，被社群網站打趴，用的人也減少很多。

也因此常有學員問我，「是否該開部落格？」

我的答案通常都是，「下課後回家第一件事情，弄個部落格吧！」

實際上聽進去的人不知道有多少？但是，部落格對於職業作家甚至只是有志於寫作的人來說，重要性不亞於「臉書粉絲團」，或者說，這兩者是相輔相

成的分進合擊工具。

粉絲團的好處大家都知道了，特別是在高使用率與黏著度的台灣，在大的「臉書粉絲團」上發表一篇文章，點閱率與分享率都遠比部落格高很多。

然而，臉書的粉絲團或專頁，要被搜尋到的機率，遠遠不如部落格。**職業創作人如果希望自己能夠更容易被搜尋引擎找到，並且讓找你的人能夠更快的判斷是否要和你合作，建立一個部落格，甚至花點錢架一個自己的專屬網頁，是很重要的事情。**

無論你是否要成為專業部落客，都應該有自己的部落格或粉絲團。更因為現在部落格已經衰退，拿部落格寫生活日記的人，都搬到社群網站上，職業創作人才更應該要開部落格。只要好好耕耘，把作品或個人訊息放到部落格上，善用關鍵字，標籤出自己的作品，寫上自我介紹，把自己的接案事項寫清楚，將有利於想找你合作的人聯絡上你（即便對方一開始並不知道想合作的對象是你，只是根據一些關鍵字上網搜尋而已）。

我自己有非常多的工作，是因為有人上網搜尋資料後找到我的部落格

「Zen大的敦南新生活」才找到跟我聯絡的方式，進而與我接洽，談成合作。

千萬不要小看部落格的資料庫管理功能，那是目前的社群網站或臉書還辦不到的優點。

擴大來說，**想成為職業作家的人，在BBS、Email電子報、部落格或社群網站等等數位平台上，至少要有一個地方是能夠聚集你的核心讀者。**

就舉電子報為例，在電子報時代走紅的作家，往往到現在還會認真耕耘電子報，即便絕大多數作家都不太發行個人電子報了，但因為他的忠實讀者都有訂閱，因而絕對不可放棄。

當然電子報跟粉絲團的問題都卡在，搜尋引擎不容易找到自己，最好還是開一個部落格。不當專業部落客如我，拿部落格當資料庫，把所有作品跟工作行程放在部落格上，讓需要找到我的資料的人可以更方便快速地透過搜尋引擎找到我。

不要在意部落格的瀏覽人數，特別是社群網站崛起後才架設部落格的朋友。網路上很多粉絲團人數破十萬的正妹們的部落格，瀏覽人次也非常低，因為那不是他們主要經營的數位平台，他們的粉絲大多也只在粉絲團上閱讀文章，不需要再往前搜尋過往的文章或資料。

對於職業創作人來說，部落格是Ｂ２Ｂ與Ｂ２Ｃ兼具的行銷工具，甚至可以說在創造產值方面，Ｂ２Ｂ的部分還要強一些，**讓合作廠商能夠迅速地找到你才是部落格存在最重要的目的**；讓粉絲讀者閱讀文章，則可視為附加的免費服務，因為絕大多數的瀏覽者並不會增加你的收入，真正對你的收入有貢獻的是極少數的讀者還有廠商。

記得部落格要定期更新。定期的頻率因人而異，不過如果你想成為職業作家，我會建議最好每天至少更新一次，至少新增一篇可以閱讀的文章。在國外有一些部落客一天會更新八到十二次新文章，這個行業如今就是這麼競爭，特別是現在還默默無聞的新人，競爭壓力就更大了。

記住，把部落格當資料庫。可以分享或公開的作品全都放上去。然後，透過社群網站、BBS等各種數位平台工具，將你的作品轉貼分享出去，這是一個寫作人必須懂得自我行銷和推廣的時代，除非你是不出世的天才，否則網路行銷是必要的工作。

千萬不要偷懶。

趕快去架部落格吧！

第24件事

不只要會寫文章，還得很會寫企劃提案

兩三年前我跟Mr.6合作開了一門「出版提案課程」。這門課的主旨，是協助想出書卻不得其門而入的未來作者們，這是一套撰寫出版企畫提案、找到合適出版社出書的課程。後來課程衍生為兩堂課，增加了一堂「專書寫作秘訣」。因為我發現，不少人雖然會寫文章且有出書夢，卻不知道如何寫出一本可以賣錢的書，當然也就更別說像出版社提案了。

只想出本書過癮的朋友，都尚且需要專書寫作與出版提案技巧了，更別說打算把創作當成一輩子志業的職業寫手，更要懂得如何撰寫企畫提案。

想當一個職業創作人，特別是在台灣這樣嚴苛的寫作與出版環境裡，具備企劃提案力是比較吃香的。

為什麼？

能提升出版社審閱你的稿件的意願。

雖說有一些大型出版社設有審稿部門，然而就我對台灣出版產業實際現況的了解，真正有心力且願意花時間去閱讀投稿的出版社，恐怕鳳毛麟角，而且這些出版社也未必適合所有的作者。

最好的做法，是學會跟出版社提案，介紹自己所寫的作品的方法。出版企劃提案書就好像面試求職者的自傳履歷表一樣，面試官都是先從履歷表過濾，挑選出合適的，再找來面談，不會根本不看履歷表就直接約人來談，那只會浪費多數人的時間。

求職者投履歷，是所有人都能接受的社會常識，然而向出版社投稿得先自我介紹（自己與自己的作品）卻不是，也許寫作人大多高估自己的作品，或不了解出版社的生態，覺得自己向出版社投稿是看得起出版社，更不知哪裡來的幻想，認為投稿給出版社，編輯就有義務審閱自己的作品並給予評語和回覆，以至於有許多出版社每天雖然收到大量的稿件，卻是連一份最基本的作品自我介紹或是作者的自我介紹都沒有，就是單單把作品寄給出版社，最後也往往石沉大海。

向出版社投遞出版企畫提案是需要技巧的，你必須向出版社介紹你是誰？有什麼特殊的學經歷？為什麼想寫這本書？為什麼有資格可以寫這本書？這本書的主題賣點與寫作特殊切入點又是什麼？市面上有無同質性的書可以參考？這本書的潛在讀者以及預期的銷售狀況又是如何？一言以蔽之，你的這本書在講什麼？

你的投稿至少應該跟出版社介紹上述內容，不能只是把稿件投給出版社就算了事。無論小說還是非小說，都要對投稿的出版社做清楚明白地介紹。

其實，職業作家除了投稿專書給出版社需要用到企劃提案能力外，日常的專欄寫作，甚至是單篇文章寫作，也都需要企劃提案力。

我舉幾個例子。

有一年有家公關公司找上門，請我幫忙重新編寫交通部觀光局網站上的部份台灣觀光景點。那是一個大案子，總共要寫一百五十篇稿件。實際執筆之前，花了不少時間跟公關公司討論寫作的手法，還試寫了幾篇稿件。在討論寫作手法的部分，我就使用了企劃提案技巧，試圖將這份工作做出定位，以及未來稿件執筆的可能走向等等。

再舉一個例子，有好幾年的時間，我幫一些雜誌社固定撰寫一些採訪專欄。這些專欄都是以年度來設定主題，例如以一年的時間，執行關於熟年議題的文章寫作。通常這樣的工作，在專欄開始連載前一年的八九月份，就會開始跟責任編輯進行討論，等到雙方討論出一個約略的共識後，會先把整年份的議題和寫法確定下來，這時候就需要企劃提案來將專欄主題化。

還有一點很重要，一個懂得經營自己寫作工作的職業創作人，平日腦袋裡肯定有很多的創作計畫，但未必有時間跟心力，在創作發想萌生時就開始投入，為了不讓腦中浮現的發想流失或遺忘，使用企劃提案的格式，將腦中的想法具象化，把主題、問題意識、論點論證和參考資料全都寫下來，甚至某種程度上把章節架構也都寫下來，做成一份隨時可以向出版社提案的企畫書，是保存寫作點子非常重要的功夫。

總而言之，職業創作人需要用到企劃提案能力，不只單篇文章的工作，年度主題專欄、投稿專書給出版社，乃至記住浮現腦中的寫作靈感，都需要企劃提案力。

不知道如何撰寫企畫書？

可以來上我的出版提案課，不然就到書店買幾本關於企畫書寫作的書回來參考吧？

第25件事
永遠保持平常心，別介意惡評與攻擊，好評與暢銷也不用太高興

說起來有心從事創作的人，大多心思細膩，想很多。

如果想得不夠多，沒有很多話想講的人，也就不會特別想創作了。

對於這樣心思細膩又敏感的人來說，本來就格外介意世人的評價，很難做到寵辱不驚。

我得誠實的說，我自己也還做不到，碰到故意來我的部落格或臉書頁鬧場的人，往往會被我封鎖，因為我不喜歡被那些子虛烏有的惡意解讀或人身攻擊影響自己的心情。這是我修養仍然不足的部分，要能做到視而不見，真正不在

乎，才算及格。這一件事情我還很努力在磨練，希望能日進有功。

村上春樹雖然在世界上取得不少好評，銷售量也很驚人，不過聽說在日本評論界的評價不高，常常是被批評多於讚美。對此，村上春樹的作法是一概不去看也不回應評論。他所持的是一派小說家的論點：小說家只負責創作，不負責回應評論。

不回應評論是正確的，因為創作人所想說的話都已經在作品裡交代清楚了。有人誤讀，那是他的問題，不該成為寫作者的責任。這一點阿德勒說得很清楚，不要把別人的問題當成自己的責任扛起來，要有被討厭的勇氣。

創作人，常常要冒社會之大不韙，說一些沒人敢說的話，得罪當局，抨擊主流社會價值，得有雖千萬人吾往矣的覺悟，得有承受千夫所指的能耐才行。

其實，承受罵名與抨擊還算相對容易，畢竟創作人雖然心思細膩敏感，卻也往往固執己見且能成一家之言，獨立思考能力不會太差，雖然被抨擊或抹黑在心情上偶爾還是會受挫，但基本上仍然可以把論點與人格區分開來看待，就算因此陷入低潮也不是那麼難爬起來。

至於作品滯銷或無人聞問，這是絕大多數創作人都已經事先知道的結果。暢銷是極少數幸運份子才能碰上的好事，所以，作品賣不好雖然還是會難過且覺得對不起幫自己出書的出版社，但往往只要投入下一個工作之後，不開心的鬱悶情緒就會被拋到腦後。

創作人最應該感到害怕的不是處於低潮失意或被攻擊抹黑，而是處於一帆風順的暢銷熱賣，且世人一面倒的給予讚美好評時。

一如文章一開始所說的，創作人往往心思細膩又敏感，而且大多時候處於無人聞問的狀態，承受了太多的挫折失意，突然哪一天爆紅之後，苦盡甘來之後，因眾人追捧，逐漸尾大不掉，覺得自己無所不能，那才是真正惡夢的開始。

創作人沒有可以約束自己的上司，雖然有前輩，但說實話，內心真正佩服且會把對方的指教聽進去的人並不多，特別是當作為後輩的你的作品暢銷且獲得世人好評，作為前輩的人卻依然默默無聞且滯銷時，別說聽不進對方的好言相勸，甚至很容易覺得對方是忌妒吃醋，再也不把對方放在眼裡，且日漸疏遠。

身為職業創作人，最需要開始戒慎恐懼的時候，就是當你的作品怎麼寫都暢銷熱賣，坊間評論一致叫好，即便你自己內心覺得並沒有過去的作品好。當創作人以作品征服了讀者與評論人，再沒有人說自己壞話時，才是要開始格外小心謹慎的時候。

很多人都是在爆紅暢銷熱賣之後，才壞掉的，從余秋雨、林清玄到苦苓再到九把刀，走紅被世人追捧，再沒有人責難自己，再沒有人批評自己之後，如果連自己都無法警醒小心，很快地就會落入無法挽回的悲劇。

最好的做法，就是無視追捧與暢銷，一如過往無視批評與滯銷一樣，繼續堅持投入下一部作品的創作就好，把評價與銷售數字留在書房之外，交給經紀人或出版社去操心。

這也是為什麼許多暢銷作家不愛上電視，除了媒體上多了會壓迫到創作時間之外，媒體對孤獨的創作人而言，最大的誘惑就是一味的追捧奉承，如果迷失於媒體或娛樂圈的五光十色，很快地創作的本業就會完蛋。

當然不是要創作人只能遠離媒體，如果得上通告賺生活費時，那麼也只能去上。只是要認清媒體是社會評價的放大器，當自己走紅時會被媒體追捧，卻也可能在出錯時被媒體狠狠的落井下石。

某種程度上來說，**職業創作人要學習將社會對自己的評價置身事外**。或者說，了解世人的評價是針對自己的作品而非人格，不要往心裡去，無論是好評或負評，評的都是你的思考與勞動成果，不是你這個人。即便作品暢銷熱賣，你還是你，性格缺點不會因此就變成優點，還可能成為拖垮自己寫作事業的磨練，務必謹慎小心。

太容易跟隨世人評價而起舞的創作人，創作之路難長久。不是在低潮時被自我控訴壓垮，就是爬上頂峰後被輿論追捧變得尾大不掉，最後因為個人道德缺失問題被社會唾棄，驅除出境，同時也搞丟了所有工作。

第26件事 別沉溺於社交，真正能為你開拓事業的不是應酬場合上認識的人脈，而是你的作品

有一段不算短的時間，我常思考，是否應該更積極主動的參加社交聚會，外出拓展人際關係？

畢竟寫作工作很講關係，我手上很多工作，的確是靠人際網絡的媒合介紹，甚至是和認識的業界熟人或朋友閒聊天時，發展出來的計畫。更有許多邀稿，來自工作上的合作夥伴。

再對比於外行人的不得其門而入，苦求不得一份工作，有無業界人脈似乎相當重要。

直到後來我想起一件事情，那是剛開始從事全職寫作的時候。當年在網路上認識了一位在蘋果日報工作的朋友，當他接任蘋果日報的副刊時，問我有無興趣寫點稿子？

我當然說好，畢竟蘋果的稿費高得很，如果能夠穩定寫稿，對於寫作工作的穩定大有幫助。

我很認真的寫當時我們討論出來的主題，可惜最後沒能拿下這份工作，我寫不出對方想要的東西。

能力不夠的話，就算有人脈願意提供好的機會，也抓不住。

我對於社交應酬或人脈交往，就看得比較淡薄，雖然如果真的有機會，還是會認識一下，實際上在業界，我也的確認識不少出版先進（不過大多是因為其他工作的緣故認識），但卻極少會主動跟這些人索要工作，就連開玩笑式的說法都很少，即便我可能當時的收入狀況極不穩定。

我極少會主動利用自己認識的業界人脈，也極少會主動開口要求對方給我工作（當然，如果對方願意找我接案，自然很樂意跟對方談），更不會為了想要多接案的緣故，出沒那些可以認識業界同行的場合。

別誤會，我絕對不是反對寫作人應該多出去見見世面，多認識出版人或其他創作人，甚至我曾經好幾次建議一些出版社的老闆，應該舉辦作者交流聯誼會，讓更多寫作人彼此認識，畢竟寫作這一行很特殊，當中許多辛酸只有寫作人才懂。

不過我認為，一個職業創作人的成敗，不是靠經營人脈或認識的人際網絡替自己找工作。創作人參加聚會社交場合，或到出版社拜訪，單純就是聯絡情誼，非到萬不得已，或者自己真的對某個企畫案很有把握，不要輕易地開口向自己認識的業界同行要工作。

如果讓外界把自己定位為，工作不是靠實力而是靠經營人脈，還有社交關係才能弄到手的話，對於寫作生涯的經營絕非利多。

要當一個讓人願意因為自己作品水準的緣故，而登門邀稿的職業作家，再不濟就是自己主動投稿開放投稿的媒體，不要只想著靠經營人脈或參加社交聚會，找尋工作機會。偶一為之，且真的剛好有合適的計畫，可以合作倒是無妨，若手上的工作總是靠串門子得到，卻沒什麼人會主動找上門來邀稿，就要小心了！

另外一點，寫作人參加應酬聚會活動的時間，不應該超過自己每天花在寫作上的時間，更不能因為參加應酬交際，耽誤了隔天的寫作進度，甚至因為玩得太開心，隔天起不來，連工作都不做了！

雖然很多暢銷作家好像常常出席社交晚宴，電影電視上的職業作家，好像也極少花時間在寫作，總是出沒酒吧或社交場合，但那是極少數的特例，以及電視電影捏造不實的作家形象，真實社會中，絕大多數職業作家都是鎮日埋頭寫作，偶爾才參加社交聚會活動。

村上春樹的例子就不用再多說了，他老大根本不和日本文壇往來，也大多謝絕日本媒體的採訪邀約，每天就是跑步、寫作、翻譯、聽音樂，做的都是自己想做的事情，而且是一個人就可以做的事情。

《作家的日常》一書中還介紹了不少專注於寫作而非社交應酬的作家，有興趣的朋友不妨找來讀讀看，真正的職業作家每天都在做哪些事情？

職業創作人的生活重心就是創作，朋友之間的私人聚餐是無妨，但是純商務社交聚會是能免則免，若把社交應酬當成職業寫作生涯的軸心，寫作反倒落居末位，就有大問題了。

想成為職業作家的第二十六件事情：永遠要記得，別沉溺於社交，真正能為你開拓事業的不是應酬場合上認識的人脈，而是你的作品。

第27件事
預先設想，建立一套解決撞牆或低潮期的辦法

從事全職文字工作，最怕的不是沒有工作邀約上門，而是突然之間，完全寫不出來，或者寫出來的東西，市場完全不想買。

任誰都會碰上創作的撞牆期或低潮期，我也不例外。

早在準備投身文字寫作工作之初，我還替自己預先規畫了幾種抵禦低潮撞牆侵襲的辦法。

第一招是大量寫作，養成寫作習慣，每天完成的稿件數量遠多於刊登需求，在能寫的時候盡量累積稿件，以備不時之需。

好比說，如果我平均每天會有一篇稿件刊出，那麼我每天就至少要寫兩到

三篇稿件，大量的屯積稿件。

第二招是多元書寫，不固守單一寫作領域，多方開展，盡可能嘗試新的寫作主題，只要能寫且有人要買，都寫。

截至目前為止，我寫作的領域含蓋職場、兩性、信仰、勵志、出版觀察、時事評論、考試讀書方法等等，另外也接委託稿件，或幫忙報章雜誌做採訪。

多找幾種創作類型交換著作，可以避免一直做同一個主題，做到彈性疲乏，再也撐不住的困境，同時還可以避免市場對某種主題突然失去興趣時，不至於受到太大的衝擊。

舉個例子，早幾年我大量寫作了不少兩性關係文章，後來有一陣子碰到撞牆期，某個固定刊登文章的版面再也不要我的文章。後來我仔細研究了一下，該版面對於文章類型有了自己的規劃，我的寫法自然被淘汰。

面對暫時無解的撞牆困境，我就大幅減少兩性文章的寫作，把心力轉往其他領域。通常我會趁著這段減少寫作某一類型文章的時間，多讀一些相關領域的作品，多做一些採訪或田野調查，也就是多補充一些寫作所需要的養分。

通常寫作或創作碰到瓶頸，是因為入不敷出，肚子裡有的材料已經被寫盡、耗乾，開始炒冷飯的時候，多補充資料。

這就牽扯到第三招，也是前面我們談過的，身為職業寫作人要盡可能的大量閱讀，永遠貪多不嫌少，閱讀是寫作人或創作人的養分來源。

碰到低潮或撞牆期的時候，就多找書來讀，多逛書店，看看別人是怎麼寫的？不是要你去抄襲，也不一定要看該領域的作品，其實我反而推薦去讀其他寫作領域的好作品或暢銷書，去了解市場對於某類主題的呈現方式的接受狀況，再思考看看，能否從其他人的作品中，開展出新的寫作手法，用到自己的寫作工作。

第四招，出門去旅行。旅行對於寫作人來說也是不可或缺的重要養分，旅行的路上所見所聞，能夠刺激我們過於僵化的思考與寫作套路，帶給自己全新的感官刺激和提醒，衝撞我們既有的認知框架，替我們打開一扇全新的窗。

第五招，也是我最推薦的一招，以毒攻毒的一招，那就是拼命用力地繼續寫，不要管有沒有人會買這些稿件，也不要管自己到底寫得好不好，總之就是不斷地寫，根據我自己的經驗，寫上一段時間後，卡關的現象自然就能衝破了。

不過，現實往往殘酷，你衝破寫作瓶頸關卡之後，市場未必就會欣然接受，原因可能是這個新東西市場仍然不想買，也可能是市場不再需要這個東西。再以兩性文章為例，近年來因為內容農場崛起，加上兩性文章的入門檻較低，除非已經是頂尖的兩性作家，否則作品都越來越難賣。因為市場需求已經有太多免費作品可以滿足。

如果單純就只是想寫兩性文章的狀況來看，兩性文章的寫作是沒有問題的，會繼續存在下去，但是要以兩性文章賣錢甚至養活自己，相對上就會比過去困難許多，而職業作家不能只是考慮能否寫得出來，還必須考慮稿件能否賣得出去。

所以，當市場不再購買你所撰寫的文章時，已經不是寫不寫得出來的卡關瓶頸問題，還是個人產品銷售狀況的問題，必須認真思考解決之道。如果不能像我一樣事先就以多寫幾種類型的文章因應，可能得考慮開拓新的寫作領域，或以自己所擁有的寫作專長類型開拓其他出路（例如：演講、授課）。

成為職業作家的第二十八件事情：必須預先構思未來自己面對寫作或寫作事業低潮與撞牆期的解決問題辦法。總之，無論如何不能坐以待斃，更不能只是抱怨市場，不要讓懷才不遇之心蒙蔽了面對寫作或事業低潮的事實。

第28件事 如果可以，找家經紀公司幫你接案、行銷與推廣

若問十年前的我，在台灣當作家或從事文字出版工作，需要找個經紀人嗎？那麼我會回答：不用，頂多找一個熟悉出版或媒體產業的人，當自己的寫作或出版顧問，偶爾有需要時請教對方即可（當然，需要支付相對的報酬給對方）。

我當時的想法是，台灣的稿酬與版稅普遍來說並不高，且作家接觸出版社或媒體的困難度不若歐美國家，加上創作人的創作收入並不豐裕，不需要也養不起專屬經紀人。

某種程度上來說，我還是認為當年的想法沒錯，在台灣當作家不需要一個

專屬的經紀人，我說的是，全方位經紀自己的經紀人，每一筆稿酬和版稅收入都必須被抽成，工作一律透過經紀人幫忙洽談那種。

當然，如果你已經是幾米或彎彎等級，可以考慮找專屬經紀人。只不過，如果真的到這種等級，我會建議你乾脆自己開一家公司，再聘個專門幫忙你處理合約或衍生性授權的專業經理人，會比找經紀人來得便宜且有效率。

不過，如果還沒有幾米紅，但也已經穩定在寫作工作有個一席之地，我會建議，找個非專屬的經紀約經紀人。

現時不同往日，而今簽經紀約的模式也變得更加多元而寬鬆了，現在的經紀公司也不要求非得簽專屬經紀約，可以簽訂較為寬鬆或是任務導向型的經紀約。

以我自己為例，我分別跟兩家公司簽了經紀約。我各自授權這兩家公司一些專屬的合作項目，例如課程經紀，演講經紀，但也授權這兩家公司幫我代為洽談任何覺得我適合接的工作，都讓經紀公司抽成。好比說其中合作的一家經紀公司，後來也幫我談成寫作方面的工作，這是當初說好沒有限定專屬但也可以代我接洽的部分。

我的經紀約主要落在課程與演講兩大塊，寫作與出版的本業，除了我本來就比較熟之外，也已經運作的上軌道，加上一開始我說的，這個部份的收入在台灣並不是那麼高到可以養得起專門的經紀人，所以在洽談經紀約時也都以非限定方式處理。意思是說，如果公司可以幫我談到工作我也願意接也讓公司抽成，但我自己談成的這部分工作就和經紀公司無關。

找家好的經紀公司，對寫作人來說的好處不少。好的經紀公司，會根據創作人的專長與需求和尚未開發的潛在市場，規劃一套打開市場的計畫，幫忙推廣手上的創作人。

除此之外，還常常因為經紀公司的包裹效應（母雞帶小雞）得到一些連帶好處。例如，我的其中一間經紀公司，因為經紀了很多大牌作家或職業運動員，洽談合作的公司和機關團體，遠比我自己認識的多很多，更有許多是我根本不可能合作的對象，可以為我創造許多原本沒想過的工作以及意外驚喜。例如：去看免費電影，參加一些商業合作等等。

最重要的一點，好的經紀人可以幫創作人做好專案管理，進而透過管理提升創作人的創作數量、作品價格、市場能見度與接受度，好處很多。

經紀市場近年來也變得更為多元而寬鬆，未來是專業經理人或自由工作者必須跟經紀公司策略結盟的時代，可以更彈性化的合約，建立與經紀公司的合作關係，讓自己擁有一個（以上）非限定的專屬經紀人，借力使力，把自己的工作觸角延伸得更遠。

身為職業創作人，某種程度上跟演藝人員很像，如果能有專屬單位或經紀人幫忙打點寫作以外的工作洽談，會是加分的利多。

未來職業作家的工作項目將不會單純限於寫作，演講、授課或者和其他媒體異業結盟，都是職業作家的工作範圍（只是接案量盡量不要超過本業）。雖然說也會有人自己找上門來，但透過專門安排課程演講或媒體的經紀公司，是比較有效率的作為，經紀公司的專業就是將各行各業的需求和手上經紀的專業人士媒合，而且經紀公司通常可以幫你談到比較優渥的報酬，這是經紀公司的專業。

至於經紀約的合作條件，是抽取每一個工作報酬的三到五成，合不合理能否接受則是見仁見智。

如果可以，我會建議想當職業作家的人還是能有自己的經紀人或經紀公司。

第29件事 寫作碰到困難時，不妨到書裡找答案

十年前剛剛離開職場投身全職寫作時，雖然承蒙許多貴人相助，有一些工作可以維持生計，不過仍然不夠，得想辦法繼續開源，於是每天窩在家裡寫稿，寫好了就往外投。

令我印象最深刻的挫敗，不是退稿。退稿乃是家常便飯，當年錄用少而退稿多。最挫敗的是，有編輯寫信來婉拒我的投稿，要我以後不要再投稿給他們刊物，大概覺得水準太低，不可能留用，讓我省了心。

那次的挫折，說不難過是騙人的。對一個想要靠寫作維生的人來說，是非常用力的打臉。不過，我並沒有退縮。當年我給自己三年時間，要在三年內做

到損益兩平，不然就重回職場。

碰巧那段時間，我正在讀一套漫畫《東大特訓班》。《東大特訓班》原本是將讀書考試技巧融入漫畫之中的一套作品，卻意外地讓我在章回之間的附錄，讀到了幾篇教人寫作技巧的文章。當時彷彿溺水之人抓到了救命繩索，便模仿了文章所傳授的技巧，融入新的文章，竟然真的慢慢提高了留稿率與刊登率。

有了成功經驗之後，我開始積極蒐集並閱讀關於寫作技巧方面的書籍。赫然發現，坊間其實有非常多教人如何寫作的專書，扣除考試用的作文技巧專書，也還有教人寫文案、企劃案、論說文等等的各種文章技巧的書。另外有一些書，乍看之下並跟寫作能力的提升無關，其實卻是有幫助，比較像是預備功夫，或者加分輔助。

總而言之，我的寫作生涯碰上的第一個大難關，是靠著從書中發現的秘訣克服的。日後我還發現，工作乃至生活上所有的困難，坊間的出版品中，都能找得到答案。

只不過，不是每個人都相信書中提供的答案真的有幫助，再不然就是光讀不做，甚至挑剔書本給的答案。好比說，創作人大多鄙視經營管理或成功學類的作品，習慣性的放任自己過上隨興的工作模式，結果明明很有才華，接案量不少，卻因為工作或金錢管理不善而苦哈哈，只因為他們拒絕吸收其他領域的專業知識來協助自己改善生活。

再舉一個我自己的例子，年輕時我在戀愛上屢次因為同樣的原因挫敗，後來開始大量閱讀兩性與心理相關叢書，解析自己的問題，找尋解決問題的對策，並且逼迫自己相信書內的方法去執行。後來，果然克服了原本的錯誤，有了穩健的新感情。

反觀有一些朋友，失戀後即便讀了一些兩性書，卻站在挑剔或質疑的立場，再不然就是找各種理由推託搪塞，總之不肯相信更別說根據書中所教導的去做，結果至今仍然在感情世界裡載浮載沉。

任何工作都一樣，沒有人出社會工作不會碰到困難，但有些人找書來讀，且願意根據書中的教導嘗試改變，有些人只是想替自己的失敗，找開脫的理由，而不是真正想改變，兩者的態度差異，導致最後的成就也完全不同。

過去常有人嘲諷地說，如果書中所寫的道理真的有效，這社會上都是成功人士，也都沒有失戀或離婚了？

問題是，別說這個社會上有讀書習慣的人是少數（台灣的閱讀人口約莫百分之四），讀了書之後願意根據書中所教授的方法改善自己的狀況，更是少數中的少數，又怎麼好把繼續活在失敗裡的責任，推給書籍？

書是寫作人心血智慧的結晶，裡面有寫作人過去經歷的挫折失敗經驗，還有突破困境的方法，是寶貴的人生智慧的結晶。

寫作工作必然得和其他寫作人的作品對話，利用他人的作品成果，讓自己的作品再往上墊高。

職業創作人因為接案種類多元，有時會處理自己原本並不擅長的領域，此時更需要借助閱讀的幫助，將世間關於此一領域的相關研究成果或作品做個概略性瀏覽，抓出自己需要的部分，建構出一個可以書寫的主題架構。

天下文章一大抄，書籍寫作更是有百分之九十五以上都是吸取他人作品的成果，好為剩下百分之五由我們自己發想出來的想法觀念做鋪陳或解說。

不懂閱讀精妙的外行人才會說，不過是讀書整理出來的作品，哪有值得閱讀之處。這世界上所有學問知識的累積，都是透過閱讀他人作品後的反思咀嚼重新架構整理而得，關鍵在於懂不懂這套整理知識的技巧，而不是好像從書上讀來的都是次級資料。

寫作人即便寫作或生活沒碰到困難，都應該大量閱讀了，更別說碰到自己闖不過的難關，更要找到能夠解決問題的書來讀，並且，就當作被騙一次，試著放下自己內心的想法和堅持，設定目標（想要解決的問題），鑽到書海裡，尋找解決困難的方法。試著相信書裡的教導，花半年到一年的時間，按部就班的改善你現在工作或人際關係上碰到的困難吧？

第30件事 工欲善其事，必先利其器，設備投資不要手軟

當我在網路商城看到Herman Miller的椅子，竟然出現超低優惠活動，雖然是拿掉部分配備的精簡版，價格卻只要兩萬七千多元，遠比一般行情便宜一兩萬元。剛好我使用十年的書桌座椅壞了，決定牙一咬，刷卡分期，買下了我人生的第一張Herman Miller（已經繳完款項了），實在是這種椅子對於需要長期坐著工作的創作人來說，是天大的恩物！

雖說以前買的椅子也不是太差，但跟Herman Miller相比，的確遜色很多，買了之後不覺讚歎真是買對了！也怪自己當初還是對四萬多元的價格卻步，沒能更早入手。

我向來認為，創作人或soho工作者對工作設備的投資，絕對不能手軟。好的設備能夠讓你的工作效率更加提升且穩定，直接影響你的工作產出成果。

所謂的設備，不只是直接跟工作相關的電腦、網路、行動通訊、書本、椅子、筆記本、工作室，其他像杯子、茶葉、空調，乃至移動用的交通工具，也全都包含在內。

所有能夠提升工作效率與品質，安定身體，消除疲勞，減少工作受干擾的工具，都是該砸錢投資的設備。

以我來說，茶葉也是重要的設備，隨時會準備數十種紅茶、綠茶、烏龍茶、抹茶、煎茶與花茶茶葉茶包，因為我工作時喜歡喝茶，喝茶可以讓我降低工作中的不舒適感。

當然，不是所有設備都要一次買齊，別人有需要的設備，自己也未必需要。

舉個例子，智慧型手機我很晚才買，因為過去我主要的工作都是在家裡的工作室處理，外出工作時間不多，自覺不需要使用智慧型手機。直到授課與演講工作變多，甚至需要經常往返外縣市之後，我才添購了智慧型手機，方便我外出搭乘交通工具移動時，可以上網收發信，回覆工作上的問題，管理臉書粉絲團，善用零碎時間。

不過，目前我暫時還不打算添購平板電腦，因為外出工作時間尚未多到干擾寫稿時間，還不需要在外面移動時寫稿交稿。但未來如果碰上有此需要，就會安排添購。

投資工作用的設備，一來絕對不能手軟，二來要看是否真的用得到，千萬不要花錢買了一堆頂級設備，卻只是一廂情願的自我感覺良好，實際上根本派不上用場。

買好的設備是為了提升工作效率、穩定工作品質、減少意外狀況的必要投資，不能節省（以免因此發生更多不幸悲劇，偶爾聽聞有人勉強使用老電腦工作，結果工作成果付之闕如的慘事），但也不是買回來擺派頭，自抬身價之用。每次我看到空有好設備卻甚少被使用在工作上，也常常替那些設備感到不值。

職業創作人的生產工具沒有公司行號幫你準備，必須自己準備妥當，是工作成本的一部份，也是絕對不能節省吝嗇的一部分。可以住得爛、吃得簡單，都不出去玩，卻不能省工作用的設備投資。

對創作人來說，最不能省的一項工作設備投資，不是電腦、不是椅子，而是買書的經費。我平均每年約莫花二十萬在買書，每天逛網路書店，定時逛實體書店與二手書店，採買我認為工作上用得到的書籍，想看的書，有興趣的企畫主題，還有獲得市場好評與暢銷的作品，且買回家之後，我會盡一切可能的閱讀，了解市場動態之餘，也從書中取材。

職業作家是需要大量產出文稿的工作，大量稿件的產出靠的是更大量的閱讀，累積工作所需的各種知識與技巧。一般來說，至少讀五十本書才能產出一本書，其實往往更多。

如果可能，我盡量都自己買書，不然就去圖書館借，絕少會向朋友借（除非萬不得已，但是這種情況極為罕見）。不向人借書，是因為工作用書常常不會被太友善對待，且需要待在身邊很長一段時間。當然，也嚴禁把書借給別人，因為通常有去無回！

在稅務上，國家已經給了創作人三成收入免稅的優惠，讀書本來就是作者的本分。最重要的一點，**當你希望別人買自己的書的同時，如果從不買書，又如何站在讀者的角度去體會買書人的心情，從而寫出他們想看、想買的作品？**

倒是工作用書，如果在工作結案之後，我會陸續處理掉。工作用書和一般藏書不同，是為了工作而買，不是為了收藏而買。這是我自己設定的一個小區別。未來的工作如果還需要用到被處理掉的書，再次購買即可。

也因此，工作用書我會優先上二手書店找，真的找不到才會買新書，再找不到才會去圖書館借。

作家買書不光只是為了讀（實際上再怎麼讀也讀不完所添購的新書），而是為了將自己覺得有趣的觀念想法或企劃案打包帶回家。買書是買下書裡的那些知識，同時也買下書背後的那些企劃發想與心意，是作家跟同行交流的一種方法，什麼錢都能省，買書錢絕對不能省。

願意砸大錢買書的寫作人，寫作路才能長長久久的走下去。

第31件事 搞清楚狀況，閱讀力就是你的創作力

職業創作人必須搞清楚狀況，你的閱讀力就是你的創作力！更精確來說，你閱讀力的十分之一，才是你可能可以展現出來的創作實力。我們每個人最多只能寫出所讀之書的十分之一水準。

這是為什麼每一個創作人都在強調，大量閱讀的重要性。

職業創作人的閱讀，不只是讀取書籍內容，還必須揣摩、學習，掌握書籍文章背後的創作技巧，思考作者為什麼破題，為什麼那樣寫？論點與論證之間為何這樣鋪排關係？論點與論點的詰辯是如何呈現的？文章的起承轉合是否暗含了我們所不知道的技巧？作者是否漏了其他該討論卻沒討論的地方？

而且，**千萬不要看不起暢銷書！**

從暢銷書身上，往往能學到自己應該具備但還不具備的說故事能力。

暢銷書裡提到的知識，或許並不是最高明或最新的，甚至有誤，但是，暢銷書作家往往十分擅長說故事，懂得透過文章結構的鋪陳，運用行文敘述，抓住讀者的心，使其認同作品，產生共鳴，吸納讀者為粉絲。

暢銷創作人能學到這個技巧自然最好，學不到也要能夠分析出原因。不能只丟一句「那些是垃圾，我才不屑看」，那是逃避別人比自己厲害、不願意面對自己某個寫作障礙的藉口。

那麼，如何透過閱讀增進寫作能力？

首先，學會認字，會讀文章，正確理解文章的意思。

其次，練習迅速抓出一本書的重點，或者讀完一整本書。

能夠正確理解書籍文章的內容，才能精準摘要出書籍重點，這些重點將是寫作者未來寫作時可用於文章的材料。

接著，除了能讀完書並且了解書中的意思，還要能分析書中的觀點，提出補充或反駁，這可讓寫作者培養寫作時客觀呈現正反立論的嚴謹度。

創作最忌諱一個人自說自話，完全不管自己筆下的觀念、想法、故事來源以及論點之間的關係。

好的文章寫作，必然是在一個主題下，充分呈現正反相關論點，使其交流辯論，最後得出某一方論點比另外一方好的論據，再形成結論。透過閱讀，可以訓練寫作者仔細分析、理解各種論點，而不偏廢或誤讀。

最後則是掌握主題閱讀技巧，持續追蹤蒐集某個寫作主題下，所有相關論點的最新發展，這種排列組合與歸納整理的功夫，也是寫作時不可或缺的技巧！

當我們從一篇文章或一本書，拆解出自己想要使用或對話的內容後，除了靠背誦記住重要的內容外，更重要的是，反覆琢磨作者之所以使用這段文字或故事的目的，再將這段文字或故事，經過重新思考後，轉化成自己的血肉，以自己的語言改寫濃縮重點，而不是照抄書上的字句。

中文稱之為「化」，指的是能將別人的思想與文字消化吸收，徹底理解，那些想法與觀念就會深入你的思想之中，就算想趕也趕不走。

閱讀與寫作是一體兩面的事，我們所閱讀的書籍文章就是以一套既定的規則撰寫完成的，懂得在閱讀過程中拆解出背後寫作技法的人，自然懂得使用這套技法來寫作文章！

掌握文章內容的秘訣，是不斷反問自己：「這本書究竟要講什麼？」每一本書都有自己的主題，架構，找出作者想要談的主題，以及他是用甚麼內容來談，就能掌握一本書的關鍵內容。

讀什麼書，該怎麼讀，才能增進寫作力？

基本上，好的創作人應該無所不讀，什麼書都應該讀。每一種書裡都有其知識和寫作技巧，每一種書裡都可能藏有創作人未來所需的資料片段，唯有博雜而廣泛的閱讀，才可能觸類旁通，累積足夠創作的材料。

最好的閱讀是有系統、分門別類地讀各種不同類型的書。

若遇到完全沒接觸過的嶄新領域，可以先找入門或二手書，有了基礎知識後可以讀一些類似知識史或方法學的書，再不然就是花點時間啃大部頭的教科書，便能掌握基本學科知識。

好的專業領域入門書，多半是由該領域的大師級人物操刀撰寫，書籍的份量通常不厚（大概在兩三百頁之間），文章讀起來也蠻簡單的，但能深入淺出，生動活潑，以易懂的故事或科學研究成果解說學術理論。

多讀幾本入門書，試著自己「歸納」作品中共同提到的觀念、定理、公式，將這些內容整理在一本專門的筆記上。

全部讀過一遍後，挑出兩三本你覺得領受特別多，或者特別有趣的作品，針對這幾本書，在短時間（一到兩周）內，反覆閱讀幾遍，務求徹底掌握書中的觀念（至於多讀幾次還是讀不懂的部分，就暫且擱下不管），最好是能以自己的話將作品中提到的觀念重新寫成一篇首尾一貫的小論文。如果能練到這種地步，代表已經基本掌握學科核心概念與背後的思考邏輯，可以試著用社會現象套用看看。

如果想要創作與人有關的主題，下列這些學科領域一定要有所涉獵：社會學、經濟學、政治學、法學、哲學、傳播學、歷史（世界史中國史台灣史）、文化研究、性別研究、人類學、建築設計、邏輯學（又稱理則學）、統計學、方法學（科學哲學）、廣告學、文學／小說／戲劇／散文、商管趨勢、人口學、犯罪學、物理學、化學、地球科學、生物學、醫學、天文學、量子力學、神話、神學、各宗教信仰的經典。

這些學門的知識，長期研究人類思考與行為模式，掌握人性的根本法則與思考方式，想要寫作文章探索人性，借用上述學科領域長年累積下來的知識庫，是最快速有效的方法，也是寫好文章的不二法門！

創作者的手邊，也應該有常用的字詞典或百科全書，線上版也無妨。

坊間的書店或圖書館，可以輕易找到上述學科領域的入門書，花個三五年的時間把人類知識系統的根基打好，爾後無論寫哪種文章，都難不倒你！

更深一層來看，創作人的閱讀範圍不只是書籍或文字，電視、電影、廣告，乃至這個大千世界的自然美景（行萬里路勝過讀萬卷書）或身邊的人們，都是等著你去深入閱讀的對象，好的創作人永遠會抱持好奇心（問題意識），去閱讀身邊所有可以接觸到的資訊，不會排斥接收任何新資訊，即便看起來荒誕不經。

只是，書籍仍然是資訊涵納量最高、最密集的文字載體。例如：好好地讀完一本學術入門書，所能掌握到該學術領域的基本觀念和思考方法，比雜讀百篇相關文章來得有效多了。

書籍是目前能讓人掌握理解世界的方法與架構最有效的工具，這是絕大多數的單篇文章所無法提供的功能（極少數極優秀的單篇文章可以辦到）。如果人們失去讀書的專心與耐心，也將一併丟棄認識世界的架構與方法。若無法掌握判讀世界的架構與方法，則讀再多的文章很可能都只是錯讀，且無助於分析或掌握複雜的世界。

讀書之於寫作，好像蓋房子之於挖地基，地基挖得越深（書讀得越多越通透），房子可以蓋得越高（文章可以寫得越好）。

某種程度上來說，創作其實是閱讀比賽，比誰的閱讀量大、誰能夠融會貫通書上所學到的知識、自己的生命體驗以及世間正在發生的事情，誰就能成為好的寫作人！

那麼，如何養成閱讀習慣呢？

創作人最好養成逛書店與圖書館的習慣，定期上書店或圖書館走走，看到有趣的書拿起來翻一翻，或每次帶一兩本書回家讀！

規劃日常閱讀進度，手邊同時有讀三五種不同主題的書，等公車等人的時候可以讀點簡單的短文，早上起床或晚上睡覺，給自己安排半小時左右的閱讀時間，長期持續大量駁雜閱讀，擴充腦中的知識庫，活化腦中的知識連結路徑，會成為寫作人創作時源源不絕的靈感來源！

第32件事 不要利用自己的才氣，亂搞男女關係

這件事本來沒有預計要寫的，也不是說全然沒有想到這方面的事情，在出版圈與文化界待久了，加上身邊同儕很多藝文型女性，聽過很多故事，只是，從來都沒想過提出告誡（如果有效的話），大多只是聽著許多故事發生。

直到讀了松浦彌太郎的作品《假如我現在25歲，最想做的50件事》，他在這本書裡提到，不要跟有合作關係的異性大搞曖昧或男女關係（附帶一說，我認為同性也不可以）。想想覺得有些地方值得一談，於是增列了這一篇。

曾經聽聞不少有才之人都頗為好色，男女關係複雜，或是有正宮但在外面亂搞曖昧，或是沒有固定對象但和很多人有露水姻緣。

世人迷戀有才華者，對於天才更是崇拜，有些人很容易因為才華而愛上對方。然而，如果你正好是那個因為才華而被愛上的人，除非你也喜歡對方並想跟對方發展成長期穩定的關係，而且身旁沒有其他對象，否則還是建立界線，不讓彼此逾矩比較好。

職業創作人不可以利用自己的才氣亂搞男女關係，也不可以利用自己的個人魅力，去哄騙誘拐合作案件或合作廠商的窗口。

還有一點也很重要，不要跟自己的讀者或粉絲亂搞男女關係。

人家愛慕你，那是他的事情；人家要對你示好，還是他的事情，但不要因為別人自己送上門來，就利用別人的感情。

我知道，創作人本來情感就豐沛，創作之路又孤獨，收入常常也不豐碩，除了靠自己的信念支撐，讀者的支持和鼓勵是非常重要的支持力量。

當你還沒出名或低潮孤單的時候，有個人蹦出來表示很欣賞你的作品，願意支持你鼓勵你，願意奉獻自己成為你的創作養分，也許你就欣然接受了。

如果你單身而且身邊沒有固定的情人，也有意跟對方發展成長期穩定的關係，合作夥伴或仰慕你的粉絲，是可以成為潛在情人或另一半的候選人。

只不過，這種機會只有一次，最多兩三次，而且最後必然得走上在一起之路。如果一而再，再而三，大搞短暫且多P的男女關係，別說對自己寫作事業的開展沒有幫助，對自己的人生也是。

或許你會說，男未婚女未嫁，不過還是請考量社會規範，若想另結新歡，請跟舊愛分手，社會較能接受。

創作人雖然是靠才能建立事業的基礎，卻是靠名氣加分，擴充收入，因此想當職業作家的人，或有意成為暢銷作家的人，一如其他政商名流或偶像藝人，在兩性關係方面要非常謹守本分，千萬不可以亂搞男女關係，所有性方面的偏差行為或社會不容許的關係，都要盡可能地避免，不論自己是主動還是被動立場。

想當職業創作者，得靠自己的實力爭取工作，而非美色，不管你是男色還是女色，都不可以色誘合作夥伴，使其給你不應該拿到的工作。

創作之路很苦又孤單，不過再苦、再孤單，都不能靠亂搞男女關係來紓解

（更何況也紓解不了，只會日漸沉淪）。若有那麼多精力或慾望，還不如拿來好好創作，衝刺事業，別讓自己的名聲因為亂搞男女關係而搞臭弄壞，那就得不償失了。

第33件事 真心有話想對世界說

關於創作，很多人都誤以為是只有文筆好或有才華的人，才能從事的特殊工作。

不是這樣的！

一個人能不能以創作維生，和才華無關，甚至也與學識無關，而是和自己有沒有話想對這個世界說有關。

好比說我家太座大人，她的文筆比我好很多，對事物的見解常常比我深刻，但是她覺得這些都沒有必要多費唇舌跟世人說，所以無意提筆為文。

反而是我，不但現實生活中很愛碎念，對很多事情都很有意見，更因為學了社會學的緣故，始終對於診斷社會問題並提出處方，具有莫名的熱忱。雖然每次開出的診斷或處方，被網友抨擊或睥睨時，還是會難過，但難過幾天之後，往往又重操舊業，繼續反思或批判社會問題。

我之所以投身創作，是因為我有很多話想對這個世界說，雖然沒辦法強迫每一個人都來聽我說話，但至少說給那些願意聽聽看的人聽。

有人說，心裡有股怒氣，是創作很重要的能量。某種程度上沒錯，這股怒氣就是對社會或生活某些事情的不滿，覺得這些情況應該被扭正，不應該繼續放任惡化下去，所以跳出來高聲呼籲。

創作絕對不是靠才華或天分，也不是因為對創作的熱忱才能成為創作人。

我高中的時候認識一個女生，她文筆極好且多才多藝，是當時學校的才女與風雲人物。當年我跟她通了很多信，也受了她很多啟發，原以為她日後會成為作家，結果沒有，她成了公務員（雖然也還是要寫作大量的文書），反而是我成了寫作人，靠寫稿維生。論才華、論學識、論文筆，我都比不上這位朋友，並且我身邊這一類的人相當多了，但是他們都沒有對世界說話的慾望，所以都沒有成為以寫作維生的人。

所以也不要害怕被世人嘲笑，文筆不好卻出來寫文章，寫文章本來就跟文筆好不好是兩回事，寫文章是因為有話想說，而不是想展現自己的文采。嶄露文采式的寫作，不會長久，就好像小時候作文成績最好的人，長大未必都愛寫作文一樣。

當一個人真心有話想對世界說時，他會想方設法找到能跟世界溝通的方法，寫文章只是創作的其中一種方法，拍電影、演戲、唱歌、畫畫，也都是跟世界說話的創作方式。

想成為創作人，卻文筆不好，學識涵養不夠，或擔心市場太小收入太低而養不活自己而退卻放棄嗎？或許你該更深入一層思考的是，自己想跟世界對話的心意夠不夠？是否強烈到讓自己非得投身寫作不可？

學識涵養不夠，讀書就是了；才華不夠，那就發展個人風格；創作技巧拙劣，那就勤加練習；創作難賺錢，那就找其他兼差來做。總而言之，阻擋一個**人投入寫作工作的從來都不是環境或能力的問題，而是這個人內心其實對世界**

沒有那麼多想說的話，如果真心的想對世界說話，那麼這個人會去學習讓世界聽他說話所需要的一切能力。

或許你應該再想想，「自己是否真心有話想對世界說？」誠實面對自己的真心，不用找理由欺騙自己，誠實的面對吧！然後你會知道該怎麼做的！

第34件事 對世界永遠抱持旺盛的好奇心，敏銳的觀察力，擁有獨立思考的能力，絕對不人云亦云

看標題，或許有人會感到奇怪？

好奇心、觀察力與獨立思考不是三件事情嗎？為何要合併在一起講？不能拆成三篇來談嗎？

何止拆成三篇，拆成三本書來談都沒問題，無論是好奇心、觀察力還獨立思考，每一件事情都很重要，且有專門鍛鍊的技能。

之所以在這篇一起談，不是因為我太懶惰，而是因為這三件事情對創作人來說是神聖的「三位一體」，彼此勾連且不能切割的一組命題。

擁有旺盛好奇心，對世界充滿疑問的人，不會人云亦云，會打開內心的天線雷達，自己尋找這些疑問的答案。

尋找答案的過程，必然需要敏銳的觀察力，不放過任何可能帶來解答的訊息，不輕忽看似平淡無奇的資訊，不把世界的存在當成理所當然，反而會以「陌生化」的姿態來看待世間萬事萬物，好像自己是一個火星來的人類學家一樣，對地球上所有的事情都感到好奇，都會仔細認真觀察。

帶著好奇心，仔細觀察周遭人事物之後，必然會得到一些資訊與感受。這些訊息，有時候竟與社會主流價值大相逕庭，此時創作人必須具備敢於發出異議的獨立思考能力，深入並縝密思考每個訊息背後的意義，最後再以文字表述出自己觀察、思考的結果。

某種程度上可以說，每一篇作品都應該是帶著好奇心觀察世界之後，再以獨立思考能力分析所得訊息而寫出來的。

蘇格拉底曾說過，「未經反省的人生，不值得活」。對創作人來說，則毋寧是「未經思考的文章，不值得寫」。如果自己寫下來準備賣錢的文章。只是人云亦云的資料彙整倒也還好，至少做到了彙整，也是一門貢獻。最怕的就是，只有人云亦云，毫無自己的見解，連整理他人的論點都稱不上。

創作人，經常得勇敢對世界上的某個定見，或就常人以為的事實提出異議與批判。創作人提出的論點與論證不一定正確，也極有可能被駁倒，但是創作人當下觀察深思後得出的結果，都應如實的以作品表述，不能因為和世界主流不同，就畏縮退怯，不敢發表。**創作人對世界的貢獻，就是提出值得被檢驗與思考的觀點，這觀點可能別人聞所未聞，可能被斥為胡說八道，但只要是獨立思考所得出的論點，就應該大膽的對世界說。**

之前我曾經寫過一篇談第五十一屆金馬獎充斥統戰因子的文章，那是我觀察整個頒獎典禮和相關宣傳訊息之後，獨立思考的感受。文章發表後引起非常大的抨擊聲浪，網路上罵得很難聽的人所在多有。當時我很受挫折，也做了不少解釋，後來也的確發現行文論證有些疏漏與不夠嚴謹之處，但如果問我是否後悔寫這樣的文章、再來一次是否還會寫？我的答案是：不會後悔，而且還是會寫。

創作人本來就不能譁眾取寵，一味迎合社會主流價值，還要敢於說別人不敢說或還不知道的事情，即便被罵得狗血淋頭也還是要堅持，因為那是你透過觀察思考獲得的東西。

另外岔開談一點：許多人搞不清楚文章的內容是透過觀察思考所得，常常把文章當成個人性格或生命的反映，以至於讀到某篇文章跟自己的看法不同時，就把對方視為妖魔鬼怪。當然不排除某些人寫作特定文章有特定意圖，可是單純就文章本身的討論，我們只能從論點跟論證上去駁斥對方，如果上升到人身攻擊或辱罵，就搞錯方向了。極有可能此人其他文章你大表贊同，只是某一篇文章不贊成而已。想要指出某人有心為惡，必須從文章以外的其他社會行為來指正，也因此不需把論點跟自己不同的文章作者都打為妖魔鬼怪，羞辱辱罵得好像他是你殺父仇人一樣。

反過來說，寫作人則是要能夠承受得住那些不贊同你而招來的無端謾罵。說真話或戳破事實真相的人，就好像童話故事《國王的新衣》裡的那個小孩，只是下場也許不是被獎賞而是被追殺。

這是寫作人無可迴避的天命，即便被追殺厭惡還是要說出自己誠實的觀察、思考後的結果。

帶著好奇心觀察世間萬物，運用自己的獨立思考能力不人云亦云，把最後所得以文字介紹給世界，是創作人必須堅持一直做下去的事情。

第35件事 要出書，出很多書，然後要不吝嗇地大方送書給需要的人

雖然之前我曾經提過，創作人千萬不要以寫書的版稅為主要收入（除非你是超級暢銷作家）。不過，如果可以，請盡可能地多出書，出很多很多書，而且是能夠掛上自己名字的書。

實際上有相當數量的職業寫手，無法出自己的書，好比說專職代筆的影子作家，寫作能力強大且寫作數量也多，收入也頗高（代筆費一本七萬到三十萬之間），卻都不是自己掛名的作品，只有稿費，難有版稅。

另外一種職業寫手也很少出書，那就是記者。稍微岔開來談一下，台灣的

記者文章數量多且優質的也不少，可惜都沒能好好規劃自己的寫作生涯，總也是忙著幫版面填滿文字，寫了很多報導，累積了很多功力，卻不怎麼考慮將此一強大的寫作技能用於寫出自己的作品，邁向獨立寫作人之路，很是可惜。

歐美有很多暢銷書都是由專業記者執筆，或記者跟專家合作完成的。記者其實是一個社會裡，撰寫專門領域的普及化作品的重要人才庫，不應該被埋沒，應該被納入記者生涯的一部分。好比說，當交稿量擺脫菜鳥時期的密集狀態，進入專題報導的撰稿模式之後，應該自己找尋未來可以長久經營的寫作領域，以出書為職志，開始發展自己的另外一隻腳。

台灣優秀的記者，後來很多都轉戰媒體名嘴，有點可惜了。

出書之後的延伸性效益很大，暢銷熱賣的部分暫且不談，隨之而來的授課演講邀約是一定有的。

這也是為什麼，我說想當職業創作人的，要盡可能多寫書，而且如果可以，最好多寫不同主題領域的書。寫書的版稅雖然不高，但後續的演講授課收益卻不會少，這將成為多數無法成為暢銷作家的創作人，非常重要的輔助性收入來源，可以撐起創作人的第二隻腳。

好比我自己，出過三十幾本書後，演講授課的行程也逐漸穩定下來，以每個月二到八場的數量承接，對收入來說也是一個很大的助益。雖然寫稿收入勉強可以養活自己，可要養家或為了以後養老乃至防範風險，寫作人還是應該布局一些與寫作相關，但卻沒有寫作這麼高知識密度的工作。

寫文章難在每一篇都要有不同的內容，但演講可以同樣的主題講十次二十次，只要根據聽眾的族群做一些微調即可，但核心內容是可以一講再講的，就好像歌手可以把一首成名曲，一唱再唱一樣。就維持工作收入的現實考量來看，同樣的主題可以多多反覆使用是比較有經濟效益的。

另外，一但出書，不要吝於送書給需要的人和朋友。宣傳還是其次，最主要的是，跟你真心覺得需要讀這本書，或會想讀這本書的朋友分享。雖然我還做不到像千田琢哉的程度，可以每次逛書店都買一本自己的書，把首刷版稅全都拿來做行銷或買書送人，不過我每次出書，幾乎都會追加購買數十本到上百本書，分贈親朋好友。此外，若有演講邀約，也都會拿來餽贈聽演講的朋友。

送書也是炒熱氣氛和鼓勵聽眾注意的一個小技巧，每次演講結束後的提問時間，靠著簡單的贈書遊戲，可以炒熱場子，讓原本可能不想發問的人開口發問，也鼓勵其他的人開口。

特別是去學校演講，我一定會從演講費中撥一小部分買書，帶書去送（除非偶爾不小心忘了把書帶出門），送學生一些自己的書，是希望他們聽了演講後回去，如果再想到演講主題時可以拿出來翻翻，回想一下當初的演講。

演講一次能接觸數十人到數百人不等，即便只有百分之五的人將內容聽進去，百分之一的人日後找書來讀，對創作人來說，都應該積極去經營，不該輕忽草率。

我自己有個小迷信，我相信送書給需要的人，將會為我帶來新的工作，而且幾乎每次在演講活動送出書之後，回到家，總是又會接到一些有趣的工作。抱持寧可信其有的心情，我在我的能力之內送書給需要的人。

如果可以，希望大家都來買我寫的書，可是當社會還不夠認識你，還需要拼命宣傳拜託人家試著來讀你的書的時候，別吝於宣傳自己。這是一個關起門來把書寫好還不夠的時代，必須好好宣傳自己，把自己跟自己的作品送到需要的讀者面前的時代，職業作家必須得有這樣的體悟，而今的作家更像流行音樂歌手而非幕後的作詞作曲人，寫完歌之後還必須到處去演講宣傳推廣。

想當職業創作人，除了拼命接案子賺錢之外，也請多多想辦法出書！能出書代表有出版社，願意砸幾十萬幫你寫的文字做成商品，代表市場上有一定數量的讀者，願意掏錢買你寫的作品，這對職業創作人莫大的肯定，讓我們能夠靠讀者的支持而活，逐漸擺脫補助或獎金的支持，擺脫特定審查機制的控制。

我自己的目標就是希望能出到一百本書，作為一個沒有頭銜也難有固定收入的職業寫作人，出書有點像是中程目標，也是一種激勵自己不斷往前奔跑的機制。

只要書寫得夠多，而且還能持續出版，持續穩定地再刷，你的職業創作生涯肯定會贏來擊中甜蜜點的躍昇變化時刻！

第36件事

埋頭創作很重要，但也要抬頭看看世界，出去與讀者交流吧！

創作人出書之後，若有機會接到演講邀約，也是重要的收入輔助。日本一些純文學作家，也是靠演講收入支撐寫作事業，特別是在如今書越來越難賣，稿費越給越少的時代，真心想以創作為業，又有意堅持冷門領域創作的人，不能迴避演講邀約。

我已經忘了開始寫作後的第一場演講是什麼時候接的？不過倒是記得大四的時候，當時學校社團的學妹約我去他們教會跟學青團契的人分享，那應該是我第一次的公開演講。對於演講者來說，演講的內容反而不是重點，而是演講結束後跟聽眾的互動，有很多趣味。

從那次至今，我演講已超過百場，平均一年至少接二、三十場演講，慢慢也琢磨出一套自己的演講方法，雖然不是多高明，但也不至於怯場，且大多能讓對我演講主題有興趣的聽眾，有所收穫。但其實收穫更多的是我自己，每次都能從聽眾的提問得到很多深入思考的提醒點，是我單單讀書或自己思考找不到的切入點。

對創作人來說，演講是接觸目標讀者很重要的一種田野調查、參與觀察。

每次上出版提案課程，我都會跟來上課的學員說，非職業創作人的你們，第一本書寫的幾乎都是自己的專業或夢想，也許根本沒想過要出第二本書？可是每個想出書的人，不該只滿足於出一本書，第二本書的主題與內容，通常就來自第一本書出書之後的各式演講乃至報章媒體的採訪邀約。

非常神奇的是，當你帶著一本書的內容出去跟世界交流，這個世界會回饋你也許你想過但還不成熟、或許你根本沒想過的想法。而且，由於你已經有了一本書的思考架構當作底子，當有新的刺激進來之後，很快就能讓你產生更多的想法，足以寫成文章或書籍。

我幾乎每次出去演講或授課，都能從學員的回饋中得出新的文章點子，日後也的確有不少都幻化為文章甚至書籍。

創作人需要留意的一點是，讀你作品的是活生生的人，他們有各種各樣的疑問與需求，這些疑問與需求有很多是我們從來沒能想過的，所以當他們送上門來的時候，應該牢牢抓住。

就好像很多作家都會提到他讀過的書，看過的電影，甚至是身邊人實際發生的故事，為什麼？因為這些東西給了作家刺激與想法，再跟作家內心原本的想法碰撞之下產生了新的感受。

除非一個創作人連跟人聊天或讀書這種替作品取材的功夫都不做，否則沒有資格拒絕外界的演講邀約。**寫作人有必要去面對世界的提問，有必要回答世界對你的問題。**

口才不好不是理由，口才不好就練，口吃的林肯日後還不是成為演說家？害怕面對群眾更不是藉口，不接觸群眾的作家，怎麼知道讀者的需求？

就連極少願意接受採訪的村上春樹，也都會接一些演講工作，透過演講對世界發表他的看法，甚至在二〇一四年底開放讓全世界的讀者對他提出提問。這是因為，寫作人必須跟世界上其他人的心靈溝通與互動，這些溝通與互動是作品重要的養分來源。

身為創作人，絕對、絕對，不能只是埋頭寫作！那很快就會耗乾創作人的生命。想要有源源不絕的作品產出，除了讀書，和身邊的人交流之外，透過演講授課或公開活動和讀者乃至對寫作人感到好奇的人交流，也是非常非常重要的事情。

如果可以到海外跟陌生的讀者交流那就更好了，或是有你壓根認為不是你作品讀者的群體邀約，也請務必一定要去。

所以，我也不喜歡糾結在費用上，只要能達到公定基本行情，時間排得過來，主題我有興趣，地點我到得了，我就接了。雖然我知道有些人為了標榜身價或者認為知識有價，不願意接太低或標準行情的演講。

創作人接演講，畢竟是輔助性的工作，除了數量不應該超過寫作工作本身之外，也不要太在意價碼報酬，只要對方給得起基本行情又補貼交通食宿，那就去吧?!畢竟我們不是專業的演講家，也不靠演講去激勵人心或改變世界，雖然透過演講也能跟世人傳遞我們的想法觀念，與其說是出去宣傳自己的作品（雖然這也很重要），不如說是透過命運的安排，去接觸過往靠自己有限的人生和想像無法碰觸的人物和題材，以此作為契機，引發出更多的作品。

第37件事 有能力之後，別忘了栽培、提攜後進

美國的公路上流傳著這麼一則故事：

某人開車在公路上，碰上爆胎，車輛走不動了，只好在路邊等待道路救援。等著等著，有輛車靠近爆胎車輛，停了下來，問了一聲「發生甚麼事？」車主跟對方說了自己的狀況，那人二話不說馬上下車幫忙，拿出自己車裡的備胎幫對方換上。

換完之後，爆胎的車主很感激地問對方，「該支付您多少修車費？」沒想到對方卻跟爆胎車主說，「不用錢，但請您記得一件事情，將來如果在路上碰到同樣需要伸出援手的事情，請你也做出我對你做的事，把『幫助需要的人』

的這件事情流傳下去。」

記得張大春在文章裡偶爾會提到他的老師高陽對他的提攜與指點。我也聽說散文大家阿盛長年經營一個寫作班，張曼娟老師也弄了一個工作坊，帶了不少年輕一輩的作家寫作、出書。

老一輩的作家願意栽培後進的故事，現在好像越來越少聽見了。雖然後來也有一些作家，弄了教人如何投稿文學獎的文藝營，坊間也有不少寫作班，但總是和過去那種願意花時間，手把手的教出一些自己的徒弟的時代，不一樣了。

之所以會如此，根據我個人的淺見，多少和出版市場萎縮，文學書出版不再能夠熱賣暢銷，創作人難靠版稅維生，而正統派的創作人，有志於創作的走向太過雷同，導致不分年紀的創作人，都必須在每年一次的各式文學獎中爭奪名次與獎金，輩分亂了套，年紀大的資深前輩，未必能夠擺脫文學獎而靠創作維生，甚至每年繼續跟後起之秀，在文學獎或僅存的少數媒體刊物爭奪發表版面，自身難保，又怎麼可能去提攜後進？

雖然，開班授課其實是門好生意！

另外一個角度，新一代能靠寫作維生的創作人，都是從市場草根闖蕩出自己的一片天，創作上沒有特別的模仿或師承，也不若文學創作領域以文學獎或文藝營將人串成一個圈子，非常分散而原子化，草莽而市場導向，成功之前既沒有受誰的恩惠，成功之後也忙於工作，甚少會想到提攜後進。

提攜後進最好的做法，當屬日本漫畫界。不是某人有名了之後，對外大聲嚷嚷「我要招收徒弟啦」，而是工作量大增之後自然要招助理，幫忙處理雜務與繪圖相關工作，有志於從事漫畫工作的年輕一輩，特別是投過漫畫雜誌徵選活動並錄取的新人，在出版社的安排協助之下，到老師的工作室擔任助手，一邊工作賺取生活費，一邊磨練學習，等待日後出道的機會，不至於在能靠漫畫維生前就先餓死。

所以日本的漫畫界有很多的師徒關係，而且是日後師徒都成為暢銷作家的例子。

這種把培育後進融入工作的做法，是最好的做法。就算現實環境沒辦法這麼做，已經能獨當一面的資深創作人，也應該心裡有一份提攜後進的心，開班授課或私下招收想跟自己學的徒弟當然很好，若是不行也還是有其他做法，像是減少跟年輕人爭發表園地，多把機會讓給年輕人，甚至私下幫忙介紹不錯的潛力新秀給自己熟悉的出版社。

現在更多的資深或成功創作人，都是悠哉過自己的好日子，最多就是擔任文學獎評審，評點年輕新秀的作品而已，甚少在輔導年輕作家這件事情上做出貢獻，甚至以自己的人力和影響力，壟斷了少數的創作出版機會和出版後的銷售成績，儘管這些老前輩，未必全都是靠作品好才卡到暢銷作家的位置，且當年台灣並不像今天，引進那麼多歐美日優秀作品來和本土創作競爭。

某種程度上，台灣創作人不提攜後進的氛圍，和台灣的老企業家不願退休不願花心力栽培年輕接班人，背後有一些原因是一樣的，大抵不外乎看不起新世代的創作人，或者認為自己當年還不是這樣闖過來的，為何過去不用被提攜栽培而今卻要？但其實如果回頭去讀台灣創作史，可以發現很多人後來之所以能夠棲身創作圈，都是很多貴人無償的協助與提攜。

不管你是哪個領域的創作人，部落客也好，小說創作也好，攝影也罷，插畫也行，當你賺到了足以維持生計的收入，接案也穩定了，甚至需要開工作室或公司才能夠協助運轉工作事務之後，稍微撥出點預算或時間，給那些有意進入這一行的後輩一些提點或協助，別讓創作的香火在台灣斷了根。雖然今天有很多年輕新秀自己從市場草根竄出頭，但我更相信如果有更多人，樂意花時間協助後進當年輕一輩的貴人，台灣的創作力會更加蓬勃旺盛，且是福不是禍。

我自己的寫作路上，承蒙非常多的貴人相助。有願意接受還是學生的我亂投稿的雜誌編輯，有接受我毛遂自薦、寫書評工作的網路書店副總編，有願意找我寫書出書的出版社……，若不是這些願意給我機會的貴人，肯定沒有今天的我。

我之所以以過去十多年的寫作經驗寫下這系列文章，某種程度也是想回饋當初幫助我的人，幫助更多有志於從事文字創作，卻可能被坊間一些似是而非的道德應然論搞得很困惑扭曲或頹喪的年輕人，找到屬於自己的寫作生存之道。

第38件事 不要高高在上，尊重並且最好取悅你的合作廠商

大概是我在成為全職寫作人之前，當過出版社的外包編輯，自己也曾經主持過出版社的叢書出版，以編輯的身分接觸過一些想出書的寫作人，日後更從許多出版同業口中聽到不少神奇的故事，讓我決定非但自己要當個隨和好相處的作家之外，在我的出版提案課程裡也必然會提醒所有想出書的學員，當個尊重編輯的寫作人。

原因暫且不去談，就結果來看，總是會有一些創作人，把自己的身段和姿態擺得老高，以上對下的指導態度，對待幫自己編書、印書與出版發行的編輯與出版社。

如果是非常能賣的暢銷作家倒也就罷了，沒人會想跟錢過不去，偏偏跩得二五八萬的，通常作品水準都不足以暢銷不說，甚至有一些連出版的價值都沒有，只是因為這些人的社會聲望或社會地位，或一些非出版專業的理由，迫使出版社必須協助出書。

以我在出版業多年的經驗，最容易擺出高高在上姿態，對編輯下指導棋的寫作人，來自學術界。學者教授仗恃自己所寫的東西是學術專業，手握某些出版社不能得罪的資源，使得學者跟出版社的合作出版品中，編輯總是屈居弱勢，被頤指氣使的一方。

「你懂什麼？」「一個字都不准改」，是這些學者型寫作人最常對責任編輯說的話。

殊不知，這些高傲的學者作家當中，有些人的作品根本不堪閱讀。學者寫學術論文或作專門研究或許很強，但是有許多人根本不會寫面向大眾的通俗讀物，甚至還會嫌棄讀者程度太差，讀不懂自己的作品。

作者錯把研究成果與文章寫作畫上等號，以至於編輯要幫這類學者作家的稿件進行調整或修改建議時，常常得到輕蔑的否決。

如今的出版世道，已非過往全盛時期，出版社願意砸幾十萬元出版一本書，應該要抱持感恩之心，與出版社合作才對。即便內心真的覺得自己的作品非常棒，也等作品真的暢銷之後，再來臭屁就好。

還沒出就把姿態擺得老高，對責任編輯大呼小叫，就算日後書真的賣得好也會被記恨在心裡，更別說萬一賣得很糟糕，直接被列為拒絕往來戶。

我就曾經聽說過一些公眾形象不錯的作家，對待責編的態度非常糟糕，每次都吵得不可開交，書也賣得很普通，只是因為做得很漂亮總是會得獎，加上出版社主事者希望拿這些書當門面才持續幫這個作者出書，但實際上負責的編輯都非常討厭這個作者。

身為職業創作人，不可以擺出高高在上的姿態，要尊重編輯與出版社，乃至所有幫自己賣書的人。並且如果可以的話，取悅你的合作廠商，是的，就是出錢幫你編書，幫你到書店去跟人家鞠躬哈腰低頭拜託多下一點量，希望把你作品推薦給世界上的人的那些編輯出版人。

沒有編輯幫你編書、審書、出書，沒有出版社幫你處理發行銷售業務，攬下面對書店通路的繁雜工作，你的才能再強，作品再好，都不可能大賣，不，甚至連出書的機會都沒有。

職業創作人必須把跟自己的合作夥伴視為供應商，平等的往來，尊重對方的專業，而不是尾大不掉的認為能夠寫作的自己最了不起，更別以為自己有作品給出版社出，是對出版社的恩惠。出版社大可以不出你的作品，出更容易賣的翻譯作品，而不是為了你的作品，去跟人鞠躬哈腰之後，回來還要被你一個不按出版產業遊戲規則的大作家頤指氣使，羞辱謾罵。

我知道有些創作人會自己下去編書、賣書，自己當自己的編輯，那當然也是一種方法，不過如果可以，我會建議創作人還是找專門的出版社合作。那種凡事自己來的作法，畢竟不夠產業化，更不是職業作家該做的事情。

另外還有一點，職業創作人找出版社，不要只想著大集團或大出版社。大不一定就對作家好，小也未必不好，要看作品風格與屬性，還有出版社究竟願意砸多少資源在你的書上面？

就算找到大出版社肯幫你出書，卻只是默默的把書出了，根本沒有行銷宣傳，那還不如給一個願意幫你推廣行銷宣傳的小出版社！

尊重合作廠商，還包括跟對方建立忠誠、互信的合作關係。創作人可以跟一家以上的出版社合作，我自己就根據不同的書籍屬性跟好幾家出版社合作，但請千萬記得一件事情，不要隨便換出版社，更不要帶著A出版社跟你討論出來的企劃案跳槽到B出版社，或者因為自己的書暢銷了之後，就跳槽到其他出版社。可以同時維持跟多家出版社合作，但切記甩掉當初栽培自己的出版社而琵琶別抱。

書是非常特別的商品，唯有當作者編輯彼此理念契合的時候，編出來的作品才有機會感動市場。甩掉當初挖掘你甚至栽培你的編輯，跳槽去其他更大的出版社，書或許還是會賣得好，但有一天你會發現，其實你的作品一直無法超越當初一開始的水準！

當然也不是說完全不能跳槽，如果有不合理的壓榨情況，那麼作家一旦暢銷了當然要跳槽。我就曾經聽過某家出版社，在某位寫手的書都大賣二十萬冊之後，依然堅持只願意付買斷的稿費。這種情況下，為了保護自己的作品和收入，當然要換出版社。

不過，就算最後要結束合作關係，還是要尊重曾經跟自己合作的夥伴，尊重編輯的出版專業，一如編輯尊重創作人的專業，這是雙方能夠長久合作下去的唯一方法。

不要當個讓人討厭的踐創作人。花無百日紅，而人無千日好，哪一天自己陷入低潮或書不再賣時，不會有人願意對你伸出援手，反而一堆人在旁邊拍手叫好。

第39件事

能得獎很好，與獎無緣也不要太難過，千萬不要為了得獎而寫

直到今天，談到寫作、作家，許多人還是直覺地和文學創作聯想在一起，即便這是個純文學衰退，影響力大不如前，部落客如雨後春筍冒出頭的多元寫作時代，文學創作等於寫作、等於作家的思考方程式，還依然存留在多數人腦中。也因此，幾乎每一個有志於寫作乃至靠寫作維生的人，勢必都會問自己一個問題：「該如何從文學獎脫穎而出？」

知名部落客米果在他的《13年不上班卻沒餓死的秘密》一書中就曾經談到他挑戰文學獎的故事，有興趣的朋友可以找來看看。

暢銷如九把刀，也有一本短篇小說集《綠色的馬》全是他的文學獎得獎作品集結，彷彿在向世人宣告，要寫文學獎等級作品也是可以，只是不寫而已。

王文華更在自己的文章中提過，台大外文系畢業出身的他，也當過幾年文藝青年，投過文學獎，也得過不少獎（得獎作品都收錄在《舊金山下雨了》、《天使寶貝》、《寂寞芳心俱樂部》中，有興趣的朋友可以找來看），不過書都賣得不好，直到他在照顧生病父親期間，窩在病房裡寫出了《蛋白質女孩》才一舉成名暢銷，日後也讓他看清楚這兩者的分野。

吳若權在《其實，我這麼努力》一書中直言不諱的說，想要書能賣能暢銷，就必須把讀者群的年齡壓低。言下之意，不走曲高和寡路線，書要暢銷就很難兼顧菁英閱讀的品味需求。

舉了很多例子，是想要破除一個非常大的迷思，暢銷作家寫的都是爛書，暢銷作家的文筆都很爛。

實際情況是，很多暢銷作家最後終於放下了文學獎光環的綑綁，徹底擁抱市場，配合讀者的水準去寫書。

曾經有人說，創作人分兩大類，一種是為作家或專家而寫，一種是為大眾而寫。書要能暢銷幾乎都是為大眾而寫，能讓作家或專家喜歡，俗民大眾也能接受的作品不是沒有，卻是等級極高而極稀少的經典了。

說了這麼多，跟文學獎有什麼關係？

有的，且聽我說來。

某種程度上來說，非從文學獎出道不可，文章非得經過文學獎認證不可的作品，可以比擬為藝術電影。這些東西不是不好，甚至相反的可能水準非常高，但卻曲高和寡，一旦編輯成書丟到市場上去販售，很難獲得普羅大眾青睞，只能在同儕之間彼此唱和。

當然也不是全盤否定高雅創作存在的必要性，問題是一個健全的出版環境或寫作圈子，應該是高雅與大眾作品各自並存，各有各的遊戲規則，彼此之間應該是互相尊重而非互相嘲諷。

多年來台灣的寫作圈卻被得獎的菁英綁架，一切發言由這些人說了算，且許多人因為各種理由瞧不起大眾創作或商業書寫，偏偏其中很多人只能靠拿文學獎的獎金維持寫作生計，或許是妒恨或是其他原因，更加深他們對商業寫作的抨擊與不滿。

九把刀的作品曾被新店高中學生抄襲，爾後獲得文學獎，引起九把刀不滿，提出抗議。這件事也是一個關鍵，該文學獎評審非但沒有指出抄襲學生之錯誤，反而說抄襲學生寫的比較好。

文學獎作為一種標竿，至此已經成為一種霸權，成為扼殺台灣創作潛力新秀的霸權。從國民教育的作文教育開始，國人就被教育「寫作等於文學創作」，想當作家就得通過文學獎而出道，再不然至少也得拿下點文學獎證明自己有實力，無端捲入一個極為封閉而不健康的寫作環境。

我這樣講會得罪很多人，但我之所以敢這樣講，是因為我不用靠文學獎的獎金過活，不用擔心直指文學獎對創作圈與社會造成的負面影響，會被文學獎後面的勢力打壓或阻擋了出版機會。

我想說的是，想當職業創作人，如果有能力挑戰文學獎，拿下好名次與獎金，固然很棒，也請盡量去挑戰，但是，寫作之路並不是非得拿文學獎出道不可。不被文學獎認可，也不用覺得丟臉，寫作是寫作人有話想對世界說所以寫，只要世界認可你的作品，出版社願意出版你的作品，讀者願意花錢買你的作品，足以靠自己的文字立足於世界，則無論有沒有拿過文學獎，一點關係也沒有。

寫作領域之浩瀚並非只有文學，社會評論、生活風格、新聞報導、兩性關係、心靈小品、商品文案……，多的是可以讓人寫作維生的領域，唯有我們把腦中「寫作等於文學創作，想成為作家必然得拿過文學獎」的定見放下，才可能看見遼闊世界的無限可能。

我自己就很自豪，沒有能力拿下任何一座文學獎的小獎，寫作力不需要經過一小群評審認可，依然可以在這個號稱稿費很少、版面很少的社會裡，靠著寫作維持生計。

你的作品能夠拿下文學獎大獎固然很好，若是和文學獎無緣也不要太難過，更不要把自己的創作之路窄化成為了得獎而寫。

想從事創作為生的人，要捨棄不必要的自尊，創作不必然都要和藝術創作這麼偉大的理念掛勾，單單只是完成文字、換取稿費收入，讓自己可以活下來，就是一件很值得肯定的成就。

第40件事
身體就是本錢，維持身體健康

聽說《柯南》的作者因為身體不好，連載要改成不定期；《海賊王》的作者也因為太勞累，連載開始拉長週期。創作人的身體真的是創作的本錢。沒有好身體，創作能量再強，都只是一場空。

要寫這一篇，老實說我有點心虛，倒不是說身體有多麼不健康，自己也有一套養生和作息管理辦法，只是「無法建立運動習慣」這件事情，一直是我的弱項，不過，我知道我遲早會克服它，而且身體健康對於創作生涯長久運轉真的很重要，所以還是硬著頭皮來談談其他作家的做法，以及我除了建立運動習慣之外的作息管理與養生辦法，以供大家參考，也當作自我勉勵與提醒。

村上春樹的黃金傳說，相信有志於寫作的朋友都不陌生。他清晨起床工作，慢跑，下午翻譯，晚上就是聽音樂休息，日復一日，規律運作，強健的身體和規律作息成了村上春樹創作很重要的後盾。

村上春樹的故事雖然很多人知道，不過，我覺得他努力健身與規律作息除了實質鞏固自己的寫作生涯外，還有另外一層深意，不知道有沒有別人談過這個，但至少我自己讀過關於研究村上的文章還沒有。

我認為村上的規律作息與運動養生，同時也是無聲地對日本天才無賴派的抗議與駁斥。熟悉村上春樹的朋友都知道，村上自認不承接日本文學創作的傳統，也跟日本的創作圈離得很遠，早年更是自我放逐海外，直到一九九五年阪神大地震和沙林地鐵毒氣事件後，才出現創作生命的轉折，從自我流放轉回日本定居。

如果說，村上的作品本身遠離日本創作傳統，那麼村上作為寫作人的生活方式，不也是刻意遠離日本的文人傳統？

村上對傳統日本創作圈中天才無賴派的無聲批判，不也值得我們好好省思嗎？

談到創作，談到作家，絕大多數人仍將這個工作歸於天分、靈感以及其他人力所不能及的天賦異稟，不少從事文字創作的人也以生活作息混亂，甚至是生活崩塌為自豪，到處向人炫耀。

或許為了標榜自己獨立於社會或組織外的自由之身，不少寫作人的生活作息都是非常荒誕而不可思議的。可以到處玩耍頹廢，再以沒有靈感為由推託自己為何超過時限未交稿。放眼世界，大概只有作家可以到處向人嚷嚷自己的作品還沒完成，可以拖過了交稿時間，卻還堂而皇之地說「寫不出來，是因為我沒靈感」（如果是太忙也就罷了，偏偏是我沒靈感）……。

放縱生活與逸樂，是許多成名作家給社會的公眾形象，像是古龍的豪飲，喝越多越有靈感之類的形象，深入人心。

這些作為在我看來，是創作人的集體無意識行為，試圖透過標榜一種虛無飄渺的靈感或天賦論，將沒有決心進入這一行的潛在競爭者阻擋在外。

當然創作人難免會有一些怪癖，古代的創作人由於不懂學習理論也可能真的是放縱逸樂且過度追求靈感，然而如今的科學研究已經揭露許多人腦運作的奧秘，寫作人如果還假裝不知道，繼續走放縱安逸路線，以此自我標榜同時建構社會形象，希望社會買單，恐怕遲早會被看穿。

退一步來說，文學創作類的作家或許還可以標榜天才靈感論，職業創作人則不行。職業創作人就是把寫作當成職業，既然是職業，就得每天撥出固定的時間來寫作稿件，交稿時間到了就得把稿件交出，除了生病或重大意外，不能隨便以荒唐幼稚的藉口推託。玩過頭而沒時間寫稿，於是不交稿，更是絕對不能發生，非常沒有職業道德的事情。

職業創作人就是Soho，就是微型創業家，沒有公司組織保障，不工作就沒有錢買飯吃。因此，身體健康是職業作家的頭等大事，擁有健康的身體，才能每天從事寫作勞動而不會感到疲勞。許多寫作人之所以無法長期寫作，就是因為沒有強勁的肉體支撐自己的寫作肌耐力，寫兩三下就疲累需要休息，又無法面對自己的寫作肌耐力不足，只好創造出各種荒唐的理由來掩蓋。

村上春樹就是體認到文字創作其實也是一種高耗能的肉體勞動（人腦雖然

只佔人體總重量的百分之〇・一，卻消耗了人所吸收營養的百分之二十），大腦高速運轉時事非常耗能量的，如果不透過鍛鍊強化這個大腦，運轉兩三下就會累而就需要休息。

維持天天創作的習慣也是，沒有創作習慣的人，要進入創作的狀況有相當大的難度，就好像已經老舊的電腦卻跑最新的軟體一樣，速度慢就算了，還會常常當機。然而習慣寫作之人，切換到寫作頻率的速度非常快，可以輕鬆的開機且高速運轉。

維持高效率寫作的唯一辦法，就是持之以恆，把創作當成日常生活作息的一環。村上春樹是以跑馬拉松的強烈肉體勞動，規訓自己的身體，習慣高耗能且需要高耐力的活動；其他作家靠大量喝咖啡提神或喝酒放鬆肉體，其實功能也是一樣，只是對肉體的副作用較大。

如果可以，像村上春樹一樣，每天花一定的時間運動，保持肉體的強健，以此作為創作的後盾。如果不行（如我），至少維持固定的作息，養成寫作的紀律，要求自己每天產出一定數量的文章成果，作息按照某種自己可以接受且相對健康的規律運轉。

還有一點很重要，盡可能不要為了工作而熬夜，熬夜是非常沒有效率（因為大腦的葡萄糖早已耗盡，注意力低落）且傷身體的事情。偶爾碰上非如此不可時，也要設下界限，例如一個月最多一次，不可成為常態，更不要因為熬夜而開始仰賴提神飲料或抽菸喝酒，那都是透支未來的健康。

如果你日夜作息顛倒，長年白天睡覺，晚上工作與生活，副作用也許小一點。但是如果可以，職業創作人的作息還是跟著社會運轉比較好，晚上創作比較能集中精神，也是另外一種迷思，最好的創作時段，其實是清晨一大早到中午之前，睡飽之後體力與精神充足的狀態，才能創作出高品質的作品，而且作息跟正常人一樣，才能保有工作之餘的休閒娛樂，日夜顛倒的作息是很難融入社會生活的，而且不利與廠商溝通，廠商都在工作的時候你在睡覺，這絕對不是最好的作息生態！

標新立異，或者想要異於常人的心情，不是不能理解，創作人總是有一些怪癖，但是事關寫作生涯能否長久運轉的根本大事，還是盡可能健康且符合社會規範比較好。

沒有強健的身體，其他都是空談而已。創作人想要長久創作下去，就把身體養好，把作息調好，忘掉天才無賴派的故事，我們不是天才也成不了無賴，加上如今的稿費早非天才無賴派當道時的水準。人家當年一個月寫一篇稿子就能活，而今我們得每天寫稿才能活，怎麼比？而且天才無賴派大多早夭，你真希望自己的創作生命快快結束殞落嗎？死後的聲名與榮華富貴，無論再多再高，創作人可都享受不到。

第41件事
不修邊幅的邋遢不是風格，整理好自己容貌是尊重別人也是尊重自己

說到創作人，給人的感覺總是悠閒、隨興、文藝，雖說有自己穿著品味的作家不少，懂得利用裝扮建構自己品牌形象的也不少，卻還是有不少人非常睥睨外在打扮，高貴名牌自然不用多說（反正也買不起），甚至有標榜邋遢隨便的頹廢風格。

如果只是一種風格標榜也就算了，不修邊幅，不做打扮者也不在少數。

我自己以前也是，特別是離開職場成為全職寫作人之後，很是放任自己的穿著，就是牛仔褲加T恤，球鞋或拖鞋，心想不用上班也不太見客，成為Soho

之後，除了自己的婚禮之外，沒穿過幾次西裝，工作上也沒有特別需要，上班族時代的皮鞋和襯衫穿得少了，西裝外套更是絕少搬出來穿。

直到前兩三年前剛開始開課，有一次，一位學員下課後私下寫信跟我說，「覺得老師上課的內容很專業，口語表達也都很好，就是服裝穿著上似乎有待改進⋯」。

一開始聽到學生的建議，老實說有點抵抗。不過，仔細評估過之後，覺得她的提醒很有道理，便花了點治裝費，最低限度的，採買了一些較為正式的服裝，也把封存已久的西裝、襯衫與皮鞋搬了出來，還好當年採買時也是砸了重本挑選耐穿好用的基本款，即便過了將近十年，仍不顯過時退流行。

後來不但上課一定會著正式服裝上場，到學校或機關團體演講也會。偶爾在路上碰到了熟人，或者下課後直接和朋友約吃飯，都有人會被我有別於平日的造型嚇了一跳，我也都逐一解釋。

然後前幾年我發現，戴帽子，夏天可以防止室內空調直吹臉部，有效緩解過敏症狀，冬天也可以保暖，同樣可以減少鼻子的過敏症狀，於是我出門必戴帽子，就連在家裡也帽不隨身，畢竟過敏發起來很不舒服，且嚴重影響上課和演講的順暢。

慢慢地好像也就建構出自己的一種穿著形象，當以作家身分出現時還是會穿牛仔褲與輕便衣服，當講師時就會著正式西裝，覺得能夠以服裝辨別工作狀態且讓人方便辨認，其實是件好事。

商業社會上的人際關係，很難在一時半刻之間讓對方了解自己的人格特質，透過外貌裝扮所傳遞的既定社會符號訊息，讓互動來往的人能迅速辨認歸類且知道如何與自己應對進退，是成熟社會人應該具備的商務禮儀常識。雖說寫作人大多無視社會規範甚至喜愛挑戰社會成見，但個人穿著打扮某種程度上遵循社會法則，對工作或生活還是有益無害。

文藝風打扮當然不錯，穿西裝也未嘗就丟臉，很重要的一點是，「做一行要像一行」。雖然社會大眾對於「作家」的穿著也比較寬大以對，不會特別要求。然而，不要求風格不代表可以隨便或骯髒，基本的整潔還是要維持，能夠以風格建構品牌形象也不用排斥，這本來就是一個需要不斷自我包裝與行銷形象的過度競爭時代，以前那種隨興放任做自己的模式不再可行。

符合大眾對於社會角色的認知期待，是對於工作本身的尊重。「出格」並非一定都不好，卻也不一定都是好的。當社會對某件事情有既定的要求和標準時，未必要故作叛逆才算有個人風格。遵守規則，在框架之內做到最好，讓人驚豔或覺得物有所值，同樣是一種個人風格的展現，更是專業該有的基本態度。

根據場合與時機而機動性的選擇穿著，以穿著融入自己所前往的行業場域，這也是「做一行像一行」的環節之一，也是一份得體和尊重的心意。作家雖然常常挑戰或質疑社會規範，但也不能完全超乎規範之外，整理好自己的容貌既是尊重別人，也是尊重自己，不修邊幅的邋遢並非風格或帥氣，單純就是骯髒懶惰沒有生活能力的自我合理化藉口，別牽拖到對抗資本社會之惡的大義。

第42件事 吃什麼食物維持創作養分，很重要卻常被忽略

絕大多數Soho工作者都會感到困擾的一件事情，你知道是什麼嗎？

變胖！

變胖！

變胖！

雖然做其他工作的人可能也會變胖，不過從職場轉入Soho之後，變胖的比例非常非常高。

雖然年紀變大、基礎代謝變慢也會導致變胖，不過大量使用腦力的Soho更是容易變胖。

我自己雖然因為研究所時增肥後就瘦不回原本的體重，但還在職場工作時至少維持在某個範圍，直到轉型在家工作之後，體重硬是往上又跳了一截，我嘗試過幾種減肥方法以及運動，但效果都不大，很快就復胖（加上我又很討厭高強度的運動）。

後來讀了一些腦科學跟營養學的書才發現了問題關鍵，在家工作之所以容易變胖，是因為日常活動量大減，飲食習慣不變，且又未能顧及耗腦力工作者的特殊攝取營養需求，吃錯食物等種種原因。

人的大腦雖然只佔身體總重量的百分之〇・二，但卻消耗了日常飲食所攝取的卡路里的百分之二十。還有一點很特別，腦袋補充的養分，和身體勞動所需要的養分是截然不同的類型。

體力工作者才需要食用大量的澱粉來補充卡路里，腦力工作者則需要攝取葡萄糖來補充腦袋運轉所需要的養分。可是因為人類的身體數萬年來都是以體力工作為優先，且我們人體從發育期開始大多也都是攝取澱粉等食物來壯大身體，以至於當身體發出需要補充營養的訊息時（肚子餓的感受），不假思索地就會去找澱粉食物來吃。

加上現代加工食品提供了很多澱粉食物，方便取用，且吃了會有果腹感，窩在家裡的Soho只要零食準備得夠多，取用也方便，一肚子餓就拿餅乾麵包來果腹，吃了以後好像不餓了，有體力了，又繼續工作，卻不知道那是效能極低的腦營養補充方式，吃了一堆只能補充極少的腦營養，剩下的全都轉換成體重囤積在大腿和肚子上。

勞心的人，因為大腦高速運轉，需要補充大量的熱量和養分，但如果我們還是按照傳統的飲食習慣（勞力為主的飲食習慣），勢必會吃下太多身體並不需要的營養（最後就轉化為脂肪屯積在身體裡），腦子不但沒補到，還因為沒補到而拚命吃，結果越來越胖。其實，勞心工作者要避免吃澱粉含量多的食物，

勞心工作者另外一個常見的錯誤飲食模式，是身體發出疲勞警訊時，跑去食用具咖啡因的提神飲料。

肉體疲勞跟腦袋疲勞所缺乏的營養成分並不相同，肉體疲勞或許可以喝咖

啡或茶飲提神，大腦疲勞需要的是「緩釋型」的醣類食物（如蘋果、蔬菜、豆類、全穀物、果糖、優格、奶油、雞蛋、義大利麵、葡萄、柳橙汁、冰淇淋、番薯、全麥麵包、芒果、奇異果、香蕉、牛奶、菇、海藻、胚芽米飯），透過食物來吸收。

勞心工作者要避免過度攝取熱量與咖啡因，菸酒會傷害腦對於營養的吸收。雖然咖啡、茶飲、菸酒對很多勞心者來說，是每日不可或缺的食物，但能不攝取最好，真的要碰也以少量為宜。特別是菸，最好不要抽菸，菸中的鎘含量偏高，對腦會有傷害（阻礙腦神經系統的運轉順暢）。

另外，吃太多白糖對腦有害，白糖因為經過精製，百分之九十的維生素和礦物質都被排除了，因而無法讓酵素產生作用，製造不出熱量來燃燒，白糖吃太多反而會造成熱量不足、缺乏專注力，以及與卡路里攝取過多等問題。

勞心工作者要避免食用「速釋型」的醣類（如白糖、蜂蜜、椰棗、麻糬、可樂、果汁、麵條、馬鈴薯泥、甜甜圈、炸薯條、西瓜、白米、白麵包、貝果、麥芽糖、鬆餅），這些食物雖然能讓血糖快速增加，但身體會把葡萄糖吸收到細胞中當作燃料使用，偏偏我們的身體又不需要那麼多葡萄糖，這些葡萄糖便轉換成脂肪囤積在肌肉或肝臟裡成為肝醣，進而形成脂肪堆積（血糖急升是肥胖主因）。

像我一樣老是坐著而不太活動的Soho族或勞心工作者，或是需要大量使用記憶力的考生，不妨**多吃富含ＤＨＡ與泛酸、維生素B1等有助補腦強化記憶，提升ＩＱ的食物**。

另外，若是感到疲勞，最好的方法就是去睡一覺。大腦疲勞是腦葡萄糖使用殆盡所發出的訊息，吃東西雖然可以補充一些，不過讓大腦休息才是舒緩並恢復腦袋運作效率最好的方法。

勞心工作者不妨多安排一些打盹休息，讓腦袋恢復運轉效率的時間，會比吃錯食物或靠菸酒咖啡飲料提神更有幫助。

最後推薦一本書給大家參考，生田哲的《要好腦力，先要好飲食》介紹了仰賴知識工作的腦力工作者（而非耗費肉體勞動）的身體使用方式，以及補充營養的正確方法，想要更了解Soho或知識工作者該如何補充養分的朋友可以參考。

第43件事 被退稿是家常便飯，不要脆弱的記恨一輩子

退稿，是所以作家必經的過程，特別在成名暢銷之前，幾乎沒有不曾被退稿的作家。《退稿集》中，收錄了一大堆世界級作家被退稿的小故事，只要你能撐過密集退稿期且在出版市場闖出自己的名號，當年那些退稿經驗都將成為茶餘飯後閒聊甚至自我解嘲的好題材。

到現在我都還常常被退稿，因為我很喜歡主動投稿給各種報章雜誌媒體，又不是很喜歡研究人家版面上的文章刊登取向，只是寫自己想寫的主題，所以退稿成了家常便飯。

我曾經投稿某個已經賣給財團的報紙版面，每投必退，從來沒被採用過。

投到後來，該版編輯還很好心地特地回了我一封信，告訴我，我的文章水準遠遠不及他們版面刊登的需求，要我別在浪費時間投稿（當然，退稿信是以很文雅的方式寫的），此後當然就把該版面刪去，不再投稿，不好意思浪費人家的時間。

收到這樣的退稿信，失望難過是有的，但我並沒有記恨對方，記恨退稿人是沒有意義的事情，雖然我知道有些老作家會對曾經被退稿的事情耿耿於懷，甚至在許多年後自己大牌了、資深了，沒人敢退稿了，亂寫一堆狗屁不通的垃圾稿子也能被照登的時候，會寫出很多難聽的話去羞辱當初退自己稿件的人，不然就是私下把那些退稿者講得很難聽。

我總是提醒自己，千萬不要變成那種人，只因為人家不能或不願意刊登自己投的稿件就記恨一輩子，想到就拿出來批評非議一番。退稿不盡然只是因為作品不好，退稿的理由有各種各樣，好像某個媒體後來賣給財團後就把我列為拒絕往來戶，當時就有知情的朋友特意寫信來跟我說，不用再投稿給這家媒體的任何一個版面，因為我已經被大老闆封殺了，不可能會再刊登我的稿件。

這種事情應該很令人憤怒吧？

可可香奈兒說過一句話，「我沒時間討厭你！」封鎖就封鎖吧！退稿就退稿吧！只要沒說不能投稿，有合適的版面我還是會繼續投。如果被下拒絕令，那就把心力省下來，轉往其他可能刊登的版面努力。

抱怨或記恨那些讓自己承受拒絕的人，於事無補。在自己走紅之後利用自己的權勢，羞辱或抨擊當初拒絕自己的人，也只是讓人看見自己器量狹小而已。

我其實很感謝當初那位特意花時間寫信提醒我，不要再投稿給他們的編輯，也許他只是不想浪費時間審我的稿子，可是他大可置之不理，反正複製貼上制式退稿信就好了。但是，他還是寫信來跟我說。因為這件事情，讓我努力研究自己的不足之處，日後找到了一些克服方法，同時也了解了自己的寫作路線，不是所有媒體版面都適合。

退稿之於創作人，就好像沒能得文學獎之於作家一樣，如何對其做出反應並決定後續的策略，影響一個人未來寫作生涯的成敗。

提升實力以克服難關是一種答案。認清自己的能力與特長，避開不合適的版面，也是一種答案。沒有哪一個一定正確或比較好，每個人處理被拒絕的方法都不同，只要不會被擊垮而離開，都是正確的答案。

挑戰文學獎而被刷下來也好，投稿卻被退稿也罷，都是值得欣慰的事情，那代表自己還不至於尾大不掉到明明作品水準不夠，媒體版面編輯卻因為其他原因而不敢退稿，必須來稿照登。看看這幾年一些知名作家爆出的笑話，發表在媒體上的文章被人抓包是抄襲網路，還大言不慚地替自己辯護。另外還有一些文章，只因作者的身分是官員或大學者而讓媒體不敢退稿，但發表之後卻被世人嘲笑，因為論點荒謬可笑到了極點。

要慶幸自己還不至於讓人不敢退稿，要慶幸自己還能夠就事論事地看待被退稿的原因，而不是被退稿就發飆生氣罵人，卻壓根沒看見自己寫的東西根本不夠資格登上付費的媒體版面，是靠其他權勢的威脅而上稿。

對職業創作人來說，被退稿是家常便飯，不需要脆弱的記恨一輩子，要感恩，並從中學習所該學習的不足缺乏之處，不要成為人家口中的老番顛或者高傲的大學者、官老爺。職業創作人是靠自己的實力和世界決勝負的，不是靠掛在身上的頭銜或權力，而這也正是不隸屬任何組織、沒有任何職位可以依靠的職業創作人，最寶貴的地方。

第44件事 投稿有方法，不要一味執著不思變通

為圓寫作營生夢……

這年頭，有寫作夢的人不少。

不然，小小一個台灣，不會每年有數百個文學獎與徵文活動，不會有那麼多人熱心於經營部落格。

只是當嗜好消遣的寫作，可以浪漫一點、輕鬆一點的經營，就算是偶有靈感才下筆為文，也無大礙。然而，要將寫作當作職業，靠寫作維生，就得把寫作當成一門職業與專業，縱然對於文字有許多崇高而美好的理想，但也得適時地把理想和營生切割來看。

不想寫作事業黑字倒閉，除了要懂得安排自己的時間，每天持之以恆的固定寫作之外，還要懂得如何投稿。

一、投稿是門藝術

投稿看起來沒甚麼，不過就是把寫好的文章寄給徵稿單位。如果只是玩票寫作，或者接了邀稿才寫，那投稿自然就是這麼簡單，不用想太多。

但如果想要靠寫作維生，投稿就不是那麼簡單的事情了。稿子要投之外，還必須確保自己的錄用率，找到和自己的文稿性質與風格合得來的投稿單位，穩定而持之以恆的投稿，讓自己的文章能固定曝光。

今時不同往日，近年來媒體雖然暴增不少，但開放投稿且支付稿酬的版面卻越來越少（無酬的倒是很多）。

不過也還是有一些，只是需要去挖掘。例如，政府單位辦的公家刊物，多半都接受投稿，雖然稿費比較低，閱讀人口較少，但上榜機率比較高，不少刊物其實很缺稿，只是這些公營刊物平日不容易在書店或圖書館看到，得花心力去找。

沒有舞台給你發揮，不要抱怨懷才不遇，這世界上舞台有很多，只是既有的舞台早都有了好演員（卡好了位），就好像大聯盟上高手如雲，想要登上舞台，想要爭取要曝光，得自己想辦法創造機會。想要以寫作維生，不能坐等邀稿，得起身投稿，投稿除了爭取文章被錄用，能被讀者看見、欣賞外，更是一種毛遂自薦，培養一種積極的工作心態的建立。

在還沒被邀稿卡滿檔期以至於沒有自己的自由創作時間前，投稿、不斷投稿、持續投稿，持續被退稿都是走創作路／成為全職寫作必經之路。

二、市場調查

投稿，不光是把文章寫好寄出去而已。

必須先了解，在這個市場上有哪些媒體報刊有接受投稿（或者沒那麼絕對的拒絕投稿），先花點時間把投稿資訊收集整理起來（網路上有不少現成整理好的，不過若想要詳細的資料，最好跑一趟國家圖書館，那裡有各式各樣的報刊）。

投稿資訊有很多種，例如，報刊、雜誌、期刊、網路、文學獎多半是接受單篇投稿（散文小品最多，其次是短篇小說、長篇小說、詩）；出版社多半接受一整本已完成文稿的投稿（或者是完整的寫作企劃附上幾篇文稿）。

整理出投稿單位後，還必須了解刊物的出刊週期（大致有日報、雙日報、周報、雙周報、月刊、雙月刊、季刊、年刊），稿件需求類型（像是生活雜文，兩性關係，職場進修等等），字數要求，投稿主題等規格要求。

三、評估自己的能力

了解市場有哪些投稿單位後，接著是自己的能力評估。

能力評估有三點：

一、推算自己一天／周／月／年可以寫多少稿件（字數／篇／本）。

二、評估哪些類型投稿單位的稿件類型自己最有把握（按照擅長程度排序，擅長的優先）？

三、評估寫作成本／效益，像是有些文章你雖然擅長但稿費少／低，要不要寫？寫作成本高而效益回收慢，要不要寫？或者說，該不該安排在自己現階段的寫稿生涯（例如，旅遊類文章，旅遊文章雖然很多報刊愛登也徵稿，不過，旅遊文章多只支付稿費不會補貼寫作者旅遊所支出之經費，算是成本很高而收益相對低的寫作類型），賺不到錢的稿，要不要寫（不一定，要看有其他無附加價值）？賺錢，但是……的稿要不要寫（違背自己道德良心的稿子可以不要寫，例如有人出高價要你寫色情小說，雖能寫但違背良心所以不寫）？。

了解投稿單位的需求與刊登週期，依自己的寫作能力，便可以評估在一定週期內（配合刊物的出刊週期。例如：周刊就以周來計，月刊就以月來計）計算自己要投稿該報刊多少稿件，千萬別傻傻的，稿件投出後，等對方有了審稿回覆後再投新稿件，每個投稿單位都會收到大量來稿，從集稿到審稿完成就需要一段時間，更別說審稿完成後還需要安排上稿檔期，而檔期出來刊登後到實際領到稿費又需要一段時間。

文章從你坐下來寫好到投稿、審稿、退稿（轉投其他刊物）或確定刊出、最後領到稿酬需要一段漫長的時間，拖上個三個月半年也是正常的事情，甚至有時候超過一年才刊登且收到稿費。如果傻傻的等對方回覆投稿結果再投稿，就算稿件都能被錄用，恐怕也未能將效能極大化，會影響自己的收益。

最好的做法，是持續穩定的投稿。根據刊物的刊登週期，推算其版面需稿數量，從中抓出一定比例來當作自己在週期內所要投稿的篇數。例如週：刊報每周至多刊出一篇稿件，每年就是五十二篇，你可以根據自己的能力與刊物用稿狀況，評估這個刊物你一年要投多少稿件？目標錄用率多少？算出來後，列入自己的工作進度裡（記得要站在投稿單位的角度思考，以替其積稿的態度多寫一些稿件，抱持被錄用不會馬上刊出也沒關係的心態去寫）。

把你找到的所有可投稿刊物都逐一計算，抓出每年你可以投稿的總篇數，再抓出自己的錄用比，就能得知自己大概能從刊物投稿中賺到多少稿費（評估自己是否能以這些稿費維生）。

另外，有些版面的投稿週期有一個不成文規定。例如：日報的論壇版確定刊出文章後，至少七到十天才適合再投稿，版面刊登同——作者之文章不宜太過頻繁。當然，名人例外。

實際的做法，是設定錄用比目標，以Excel做檔案專案管理，把投稿日期、媒體刊物、字數、錄用比、刊登日期、稿費兌現日期全都記錄下來，表單化管理可以幫助自己推算出合作單位的平均刊登速度與稿費支付週期，避免自己生活所需的現金流出現問題（這招所有寫作人都可以用也應該用）。

投稿必須有計畫，所謂有計畫，除了上述所提到的計算可投稿媒體與總刊出數量外，文章還必須在累積一批數量之後，確定可以集結成書。像大前研一之所以一年可以出那麼多新書，是因為他每年在決定和媒體合作的專欄時，就已經把寫作主題以書的角度訂好了，縱然每一週刊出的文章不一定是像最後書稿呈現的順序，但書籍主要內容和架構都已經完成了。

稿件不一定都在同一個欄位刊出無妨，可以當然最好。如果某欄位有固定刊出你的稿件的習慣，就不要再投其他同質性競爭單位的欄位（除非對方邀稿），避免讓用你稿的編輯感到為難。

退稿太多時……

當某個刊物對你所投的稿件退稿比例過高，甚至從來不採用時，不妨深入研究該欄位的用稿風格，了解該刊刊出之稿件的寫作風格與寫作者身分，另外，不妨詢問同儕或者有固定在該刊供稿之作者。

先行尋找問題，自我調整，若還是不行，先沉澱一陣子再說。

文字創作的好壞有客觀基礎但也有主觀需求，有時候文字風格就是不適合某家報刊，有時候是投稿單位稿件太多，亦或者有其他理由。

總之，客觀尋找原因，自己能改善的就改善，無法改變的就尊重這個既定的事實，切莫淪於謾罵指責控訴，或者認為某刊物都只是包庇或者只用自己人，那些說了只會增加情緒而不會改善實際情況的話，最好都不要說，連想都不要想。

不用怕過度投稿或過度曝光的問題，編輯自己會調整決定刊登數量。想要專營寫作事業，只怕沒人要登我們的稿子不怕稿子給的多。

台灣的市場小，因此，光靠一兩種寫作專長很可能活不了，要不就是多開發幾種寫作領域，要不就是試著開拓港澳中國大陸星馬等華文刊物的投稿機會，千萬不要劃地自限。

能投稿其實很棒，要珍惜還能夠自由投稿的時候，雖然辛苦些，但卻是以文章而非名氣決定文章錄用與否的時候，是最能鍛鍊寫作心態實力耐力毅力的時間。等將來有一點名氣，人人搶著邀稿或者每投必上，那時候，文章是否真的好，有時候反而不清楚了，因為就算不好，也沒人敢講，收入雖然穩定，但稿件品質很可能每況愈下而不自知。

第45件事

創作生涯很漫長，難免會碰到一些倒你帳或賴帳不付款的垃圾，千萬不要為了這些爛人而捨棄了創作

從上研究所開始，我就積極尋找和出版或文字相關的兼職工作，不知不覺也做了將近二十年，這期間當然也碰過各種各樣的倒帳或欠款事宜，累積很多教訓，加上聽聞同業被倒帳的一些故事，在這篇可以跟大家分享一二，以及可能的防範與處置之道。

我曾經跟一些出版社合作，全權代編叢書，當年很菜，簽合約時沒有留心裡面的貓膩，加上很信任合作的對象，所以著了幾次道。好比說，一些出版合約簽訂等書出版後才支付稿費／版稅，但是，等書稿寫完或翻譯完之後，出版

社卻藉故推託，不出書了，然後再拿著合約上「出書後才支付稿費」為理由，硬是不付款。

或許有人說，那就告對方啊？

一來，一本書的版稅或稿費的收益，並不足以支付訴訟費用；二來，出版社可用交來的文稿品質不達出版水準為由，婉拒收稿，同樣無法出版。

事實上是否水準不足以出版？當然有可能，不過我碰過更惡劣的，拿走我的文稿之後，推說稿件水準不足以出版，最後卻在該公司的出版品上看到我寫的文字，又因為當年是認識的朋友來約稿，所以沒簽約就幫忙寫了，寫的過程中，對方一直找理由推拖不給合約，我竟然也相信而沒有再催促或等到合約簽訂才交稿，最後寫了幾萬字的稿件，半毛錢都沒收到。

更離譜的是，此人日後離職，另外一位我認識的人接手，我反映這狀況並繳交證據後，該公司的老闆還是一樣裝傻混過去，沒打算付錢。

另外還碰過更誇張的事情，給報社投稿獲得刊登後，報社編輯來信邀稿，要我多寫一些，我當然很開心地寫了投過去，文章也刊登了，卻遲遲沒收到稿費。然後某一天打開報紙，讀到該報社倒閉的新聞，那些稿件當然再也收不到稿費。

跟出版社約定出書，寫了稿件交過去，最後出版社倒閉，這情況我也碰過。另外還有一些刊物，雖是我主動投稿，卻沒發現該刊物已表明不支付稿酬，最後文章發表了，也等不到支付稿費的通知，我也就斷了繼續投稿的念頭。我的原則是稿費可以低廉但不能免費，我是靠寫作維生的職業作家，而不是為了興趣信念或被剝削而寫。

這十幾年來，也碰過被騙走稿子的事情，雖然次數不多，且錢也不多，但仍然很難防範。

好比我曾經碰過一家大學出版社，邀我幫他們寫採訪報導，談好會刊登在某版面，也承諾會支付稿費，結果文章發表後，對方竟然說，學校規定，這種情況不能付稿費，於是大刺刺的賴帳不付，真讓人傻眼。

被倒帳的事情碰得多了之後，我自己慢慢發展出一些應對之道。

一、如果是投稿，沒有明確說有稿費的，絕對不投。但如果刊登之後，該公司卻倒閉了，那也真的只能自認倒楣，畢竟一篇稿件幾百幾千塊而已，索要的成本都不止這些。

二、出書之類，必然要簽合約，且事先約定，交稿後不出版，責任在對方身上時，對方必須支付稿費（即便不是當初約定的首刷費用，至少也得支付相應的稿費）。

我曾經跟某家出版社合作撰寫一系列叢書，後來主事者離職了，書籍銷售狀況轉趨下滑，且新的主事者無意繼續出版，便與我協定取消後面的合約，酌情支付我資料處理費，這算是有良心的公司。

三、若是約定出版後才支付費用的合約，絕對不和來路不明或業界風評惡劣的公司合作。並且如果可以，儘量約定交稿後，對方確認無誤並收稿，就先支付約定金額一半的版稅。

寫作人還有一個常見的問題，不相信出版社所給的銷售數量。我也碰過只給過首刷部分版稅後，就不再支付版稅，也不給銷售報表的惡質出版社。不過僅此一次，絕大多數出版社都會給銷售數字，而通常他們敢給我就接受，最主要是台灣的計算銷量模式很不精確，許多出版社也很難抓出一個精準的數字，若碰到一些愛計較的老闆，書籍實銷量的認定範圍就很寬廣（有些出版社把鋪出去，沒有退貨的書都算成實銷，有些則是把凡沒有結帳的書，都算成未銷）。我的原則是只要他們說得出計算方式且給我數據，我就接受。我也說過，創作人雖然要出很多書，但不要光靠出書版稅過活，把書的版稅當獎金或紅利，壓力就不會那麼大。

還有一點很重要，如果無法信任自己的合作夥伴，不如別合作了。

有了一些防範方法之後，完全被倒帳的情況就大幅減少了，雖然難免偶爾還是會碰到對方來商談要我共體時艱，藉故取消合作計畫的時候，但我通常也就接收對方說出口的理由（雖然心裡還是難免生悶氣，特別是稿子都收了超過一年才來說稿子不好不出版，通常如果稿子真的很差，三個月內肯定會告知退貨，超過一年以上，通常是公司營運方針改變，卻又不想付錢的藉口）。

只是無論如何，想當職業創作人必須記得，寫作生涯很漫長，難免會碰到一些倒你帳或賴款不還的垃圾，別往心裡去，能夠撐過倒帳風險還能活下來的你，代表體質強健，可喜可賀。

畢竟當初倒過我帳的出版社，幾乎都倒閉了，剩下的也是風評極差或逐漸萎縮邁向倒閉中，原因無他，如果一個事業體，搞到得找理由不支付合作供應商應得的款項，常常也是離倒閉不遠了。

最後還是祝大家辛苦勞動所得最後都能拿到該拿的版稅跟稿費！畢竟我們就是靠這些收入養家餬口的呀！

第46件事
沒人認識是正常，別往心裡去，就算暢銷作家報出名號也是一堆人不認識

離開職場後，最麻煩的事就是回答「你做甚麼工作呢？」的問題。

早些年我都說自己當Soho，聽到答案的人多半會有自己的聯想，但也有人不滿足於這個答案，會繼續深入追究是哪方面的Soho？

我只好回答是「寫作」。

接下來，毫無例外的問題就是，「那你寫哪方面的文章？」「出過什麼書？」

通常我就開始傻笑，很認真的說：「什麼都寫啊」，然後開始細數兩性、職

場、勵志、評論等等，至於「出過什麼書？」通常我會敷衍過去，不作回答。

基本上，這個問題跟問別人在哪裡上班一樣，除非對方在知名大企業工作，否則都懶得報上公司名號，說了你也不知道，只是徒增彼此的尷尬而已，何必呢？

在台灣，即便是暢銷作家，對於不讀書或不買書的人而言，依然是陌生人。而今台灣一本書能賣上萬本就算暢銷，萬本書最多就是十萬人閱讀的狀態，兩千三百萬人中的十萬人，是非常低的機率。

也就是說，即便是暢銷作家，在生活中對陌生人報出名號，沒人認識的機率都很高了，更何況是不暢銷的作家，或像我這種職業寫手，以及有很多筆名的職業寫手。

每次有人知道我從事寫作工作，報上名號後，卻繼續問我寫什麼主題，通常表示對方沒聽過我（當然我也沒有名氣），當然也不可能看過或買過我寫的書，我就與他閒聊，回答甚麼都寫啊（實際上也是）。跟一個並不真心關心寫作的人解釋寫作工作太麻煩，我任他們自行想像解釋，畢竟社交場合大家也只是禮貌性的問一下彼此的職業，就像我們也不會記得那些在中小企業工作的新朋友的公司名稱。

當作家的尷尬就是這樣，絕大多數時候，其實人家並不認識你，卻又非要表現社交熱情而深入探問，如果仔細回答，只會讓對方問更多問題，於是只好微笑了。

提醒想進入寫作這一行的朋友：終其一生，這個社會上的絕大多數人都不認識你，這是很正常的事情；只有極少數的超級暢銷作家，且他們本身又剛好是社會名人，社會大眾才可能熟知其名。其他普通的暢銷作家，乃至等而下之的普通作家，都只是寫作或媒體產業裡的一個專業人士，不為人所認識，寫過的文章，發表的媒體或出版的書籍名稱，沒人聽過都是很正常的事情，不要往心裡去，也不要太難過，更不要嫌棄對方沒水準，這就只是一個再客套不過的社交寒暄而已，過場之後，就不會有人再提起了。

第47件事 稿費可以低廉，拿實物來換都沒關係，就是不能做白工

在我十多年的寫作生涯中，收過最有趣的一次稿費，是一箱書和一堆紀念品。當時是某個出版單位跟我約了一篇稿子，但說沒有稿費，我說沒有稿費，我沒辦法寫。最後承辦人員說，「那我們單位裡有一些書，你要嗎？」我便答應了。

事後收到很大一個箱子，箱子裡有許多高價的教科書，還有一些衣服，大概是該單位自己印製的贈品。能送人的我都送人了，書則拿去二手書店變賣了。

我也寫了不少自己開心但沒錢賺的稿子，以及很多被退稿、沒辦法在媒體

發表的稿件。不過，有個原則是我一開始就訂下來了：堅持不寫沒有稿酬的稿件，尤其是邀稿的合作。如果是我自己投稿，則視情況，我真心很想寫，且沒錢也無妨的話，我還是會寫（雖然這個情況很少）。

理由非常簡單，等你可以接受幫公司賺錢，自己卻不領薪水，再來跟我邀稿，然後厚臉皮的說無法給稿費。

我也不是很喜歡投稿無稿酬的版面，即便是授權給媒體刊登，也盡量不希望是無償免費（雖然授權刊登文章大多是免費，特別是網路媒體）。這是一種尊重，對寫作人產出作品的尊重。

一如繪畫並不是隨便畫畫就好了，稿子也絕對不是隨便寫寫就好了的事情。如果創作人不能建立起使用者付費的觀念，不能讓社會接受使用者必須付費的觀念，放任一堆公開向社會徵求無償稿件的單位亂來，又有誰會真心尊重創作？

所以我很討厭內容農場，因為這些網站免費拿別人的稿件，賺取自己的利潤，非常可恥。我也很討厭不告而取的剽竊，個人或非營利的分享轉貼就算了，有些單位並非營利，或者其實可以支付費用，卻找盡各種理由不願支付，我都拒絕往來。

台灣的教會界曾爆發一件盜版醜聞，某個發行量很大的教會刊物，被爆出都是偷竊其他付稿費的教會媒體的文章，印在自己的媒體上，當成自己的文章發行。事情曝光後，竟然還有人以「這是為了福音工作的緣故」，替竊盜的媒體緩頰，甚至有人連「神國的工作不適用地上的著作權法」這種話都說得出口。

沒記錯的話，十誡裡面好像就有幾條是要人別偷東西吧？

那些偷文章的媒體，難道真的付不出稿費或轉載費？

當然不是，他們只是不把別人的勞動當成勞動，覺得別人都應該為了他們的理想，免費為其服務。

如果是我自己主動投稿，刊登之後發現沒有稿酬，我也不會再給該版面投稿，原因很簡單，沒有公司發薪水給我，我得自己發薪水給我自己，我很努力地寫很多稿子才能賺到養家餬口的微薄收入，我不知道為什麼有人可以堂而皇之地開口要求無償使用我的稿件，賺他們的錢？

稿費再低廉都沒關係，我曾經連續好幾年幫國內一家很小的媒體寫了多篇評論，每篇只有兩百到四百元不等，但我不能接受免費這件事情，那是對寫作人極度輕蔑且不尊重的事情。

遺憾的是，台灣太多因為興趣或其他理由而寫的人，不尊重自己的勞動成果，甚至願意免費送人刊登，助長了那些免費拿稿卻一點都不覺得自己有錯或丟臉的單位，繼續在外橫行，尋找願意免費供稿以換取曝光機會的寫手。

第48件事 搞清楚職業作家、業餘作家與文人作家之間的分別

提起「作家」兩字，在擁有數千年文人傳統的華人社會，幾乎是「文人」的同義詞。前資本主義社會時期的「作家」，正職絕大多數是「政府官員」，寫作只是娛樂（或抒發抱負），不以文章謀生（就算賣錢，也是賣字畫）。

早年台灣（以解嚴作為分水嶺）能稱得上「作家」的，也多指文學創作者。讓從事文學創作之人獨佔「作家」名號雖無不可，但卻不再適合文化產業領軍的社會。

因此我認為，「作家」可再細分為三種次類型：

一、「**業餘作家**」，不靠寫作維生，而是在工作之餘，操筆為文，或聊以

自娛，或紀錄自己的興趣或專長，且主要創作以非文學為主。

二、「文人作家」，即是早年台灣社會普遍稱為作家的文人，這些人或有正職（多半從事和文字有關的工作，例如老師、編輯），創作以（純）文學為主。

三、「職業作家」，指出售所生產或設計的符號（文字、圖像）原版（智慧財產權），作為謀取生活資材者。

「職業作家」的正名

進入全球資訊社會，一切經濟活動皆與文化、品牌、符號、內容的生產與消費有關。每天出門，放眼所見，四處皆是廣告。報章雜誌與圖書產量日增，再加上網路（結合文字和圖像）崛起後，使得各種文字圖像創作需求量大增，必須有各種寫手撰寫各式文章，滿足市場需求，「寫作」勢必成為一種職業（專業）。

然而，傳統「文人作家」長期獨占「作家」之名，使得文化產業中專事符號（文字、圖像）生產者，淪為「文字工作者」這一怪稱。其實，文字工作者，就是「職業作家」。

我認為，「職業作家」的正名及自我定位，是非常急迫的。「職業作家」的正名讓有志以寫作為業者，得以認清實際狀況。就像喜歡看書的人，未必適合成為編輯；喜歡塗塗寫寫的人，未必適合（也未必需要）成為「職業作家」。

以寫作為業，不能光憑一股熱忱，還要認清身為職業作家該做的事情，懂得安排自己的工作。

唯有將「文人作家」與「職業作家」區別開來，才能將寫作等於文學創作這組命題中解放，還給寫作更寬廣的空間。並不是說文學創作不重要，而是文化創意產業下的寫作，不獨指文學創作。

對於渴望以「文化創意產業」作為下一波產業升級核心的台灣社會來說，肯定作為文化內容生產者的專業角色，是非常重要的。所有以「文化創意產業」揚名於世界的國家（英國、美國、日本、南韓），皆存在「職業作家」這個行業。

何謂職業作家？

「職業作家」並不等於暢銷作家，文人作家或業餘作家都可能是暢銷作家。公餘之暇，寫點東西，投稿報刊，甚至集結成書（乃至大賣成為暢銷作家），不代表就可以順利轉業成職業作家；反之，「言情小說」的作者可能固定月寫一本，雖是版權買斷，但卻固定，則可稱為職業作家。像侯文詠當醫生時的創作便相當暢銷，可稱為暢銷作家，但那時的他並不是「職業作家」，直到他辭去醫生工作，轉以寫作維生，才成為「職業作家」。

職業作家所寫的文章包羅萬象，不只是文學。職業作家是文化經濟中的一種專門職業，最大的特點是，**以販賣所寫文章的智慧財產權給特定單位，換取稿費，作為收入來源**。而且在無需靠寫作賺取收入之後，依然持續從事文字生產。

職業作家的主要收入來源為稿費、版稅，像是報刊雜誌的邀稿或投稿所得稿費（職業作家多半會有固定專欄或投稿發表園地），各種徵文比賽的競賽獎金（僅限於入行初期，以賺取足夠收入，或者累積名氣），作品集結出版的版稅，文章轉載的授權費，以及演講和授課（主要是寫作班、讀書會）的收入。

職業作家可以拒絕不想寫的文章，但不能不寫文章（寫不出來則另當別論）。職業作家除了靠寫作養活自己，還必須為了讀者，為了長期合作的刊物、出版社，定期出文，出版，餵養讀者，替報刊或出版社賺取利潤，使其組織順利運作下去。就像史蒂芬金曾說，他其實不寫了也可以（畢竟已經賺夠了），但為了他的讀者，為了出版社，他必須寫下去。職業作家必須視自己為所服務產業的一環，就像上班族不能隨意曠職，職業作家也不能輕易地說不寫就不寫。

認清現實環境，積極耕耘

台灣的文化產業正要起步，十分缺乏各式文類的內容生產者。例如圖書出版品雖多，但是翻譯書和大陸稿件占去大半，職業作家的潛在需求量不小。

但以寫作為事業，不光憑一股熱忱，還要懂得安排自己的工作，認清身為職業作家該做的事情。想要成為職業作家，必須懂得規劃自己的日常工作作息，規畫自己的寫作事業。

首先，必須先評估你想寫的文類是否具有市場（有些文類不足以支撐一個職業作家）？若有，則目前市場上最暢銷的作者是誰，能否寫出和他不同套路但卻具備相當水準的作品？

職業作家：什麼都能寫，什麼都願意寫

就算你從學生時代就有固定寫稿投稿的習慣，累積了不少經驗，也不建議貿然成為職業作家。最好從兼職開始，等到充分了解自己的寫作能力、速度、寫作類型、抗壓力，且擁有固定發文園地（例如成為專欄作家，或固定出版圖書）後，再考慮轉全職。職業作家不能只顧創作理念（但也不能不顧），還要顧經濟收入。

至於已經是職業作家的人，在成為獨當一面的作家之前，心態要開放，什麼工作都願意談，只要能寫得出來就接，沒有挑工作的權力（除非違背自己價

值觀）。市場的流行與需求變動太快，最好要能寫三種以上的文類（先從擅長的領域開始），光寫一種類型的文稿風險太大，切記，不要把雞蛋放在同一個籃子裡。

此外，想成為職業作家的人，得拋開寫文章是為了立德立功立言的想法，娛樂文章也有價值。職業作家首先是為了服務目標讀者而寫，其次是為了生活溫飽而寫，最後考慮的才是個人興趣（這不代表職業作家專寫低品質的爛文章，而是能在既定文章格式的要求中寫到最好），用筆名經營只為賺取收入而寫的文類也是一種變通作法。

基本上，除非你是寫作天才，否則抱持文以載道的觀念，恐怕不適合成為職業作家（成為「文人作家」或「業餘作家」比較適合）。

持之以恆，努力不懈

想成為職業作家，與其靠才能，不如靠努力加恆心。持之以恆地寫，盡可能爭取曝光率（架設個人部落格，定期發表文章，吸引喜好你文字者聚集，也是自我推廣的作法），靠文稿和合作態度贏得市場與同業的口碑，把自己當成品牌經營，假以時日，一定能跨過流行引爆點，成為叫好又叫座的職業作家。

第49件事 真的不適合，別勉強，堅持創作就很好

寫作是可以練就的一種技能，問題在於，是否真心想學習？願不願意根據他人的方法琢磨自己的文筆？

還有一點很重要，自己認為值得寫，想一輩子堅持下去的主題或文體，是否有市場？

今天的創作人和過去有一點很不一樣，作品要能賣，不是靠作品好，而是寫出這些作品的人，能否被世人認可？認可的群體是否大到足以養活這個人？

好比說我認識的一個朋友，他非常積極且有心於文字工作，也很樂意學習各種提升寫作跟投稿方法的技巧。問題是，他有一個根本的盲點，就是他想堅

持的寫作文體，不只很難賺錢，且放眼目前的付費媒體，願意大膽刊登的也非常少。

然而，唯獨那點堅持，是他所不能放棄的，結果他學的方法越多，挫折就越重。當然可以說是世人不理解其作品的精妙，但創作人在能靠「寫想寫的文章」養活自己之前，寫「能賣錢的文章——即便不是自己最想寫的」，也是一種活下去的方法。

常常我們誤以為自己喜歡寫的文章就是自己適合寫的文章，卻不知極有可能只是思考上的盲點。如果願意換個主題或風格，寫出來的東西就能受到市場歡迎，且能夠影響很多人，你是否願意一試呢？

當然這裡牽涉到一個很核心的價值：**寫作到底是為了什麼？**大多數人寫作都是為了自我實踐，為了寫自己內心想寫的東西，以自己想寫的方式。這當然沒有不對，也完全值得尊重，但極有可能自己的堅持完全沒有市場。如果只想當個業餘作家或文人作家，當然可以如此堅持下去。如果想成為職業作家，勢必在某種程度上需要和市場妥協，至少得寫出市場願意付費購買的稿件，才能稱得上職業作家。

所以，如果真的不適合成為職業作家，又不想放棄寫作，那就放寬心胸去寫自己想寫的東西，就算只是為自己而寫，寫出來只有自己開心，那又何妨？只是這就別堅持非得當個能夠賣稿維生的職業作家了。世界有世界的一套遊戲規則，因為世人閱讀文章有一套理解進路，有時候太過曲高和寡，只會被資訊氾濫爆炸的現代人忽略，直接無視。這不是誰的錯，只是彼此不適合。

不過，絕大多數情況都不是真心堅持的市場不買單，絕大多數的情況都是我們自己的主觀太強烈，不願意聽從他人的建議，或者選擇性地聽從，卻對本質性的障礙視而不見使然。

好比說我的寫作課程，教授一套讓文章寫作變得超級簡單的方法，可是許多人聽完學完之後，還是繼續使用自己過去的方法，不敢相信或不願嘗試新方法，或者嘗試了之後，還是寧願回去選擇老方法，繼續活在那個困境裡，然後顧影自憐。

人有時候迷戀那個缺陷，活在那個不會致命的痛苦裡面，時不時可以拿出來做做文章，吸引一些同情與關懷，同時也可以將失敗自我合理化。畢竟，萬一用了新方法，努力之後還是失敗，不是每個人都能承受得起這樣的挫折。

想成為職業作家的人，我建議給自己一個努力的期限，也制定一套執行策略，以及檢驗的目標。在這段期限內努力奮鬥，期限到了，如果還是不行，那就退回業餘作家吧？這世界上有許許多多人只是為了自己開心或興趣而寫，也能寫出很多很棒的好東西，甚至是比職業作家更好的東西。

職業作家只是一種職業，把生產文章賺取稿費當成職業的一種工作方法，也許不容易，但並沒有特別了不起。不適合的人很可能就像不適合當業務或行銷企劃，最後轉行一樣，得失心不要太重，只要堅持，一生持續寫作就很棒了！

第50件事

無懼大環境之慘烈，具備和現實對決的勇氣

二〇〇五年十一月，我離開職場，決心從三十歲開始，要以一個自由人的身分活下去，不再隸屬於特定組織，不再靠上班賺薪水維生，要靠寫作這項能力，在市場上接案，以職業寫作人的身分活下去。

後來發生了很多事，一轉眼十幾年過去了，雖說手上這把劍未必鑄造得有多精純，但還堪使用，且不斷繼續努力琢磨，使其越加鋒利，能為我以及世界所用。

為了寫作這系列文章，我回頭讀了不少過往紀錄自己寫作心情點滴的文字，翻出一篇〈跟現實對決的勇氣〉，覺得很適合放在本系列的最後，作為一

點小小的提醒。

「跟現實對決的勇氣」是日本棒球名投松坂大輔的人生信念，他曾一再挑戰常人以為不可能的困難，例如一個人獨自站上甲子園球場，連投十七局，總投球數兩百五十顆，遠遠超過如今投手的平均投球數。

松坂大輔敢如此做，一來對自己的能力有自信，二來求勝信念強大，三來不願被環境設定的框架所侷限。

前面的文章我也提到了，在台灣有很多能力比我強的寫作人，並不投身全職寫作，反而在職場上找到一個安穩的工作之後，平日以寫作作為副業或創造聲望的工具，活得悠閒自在，甚至可以過上非常優渥的生活。

我無意批判這些人，曾經我也是這類人。在職場有一份體面且收入不錯的工作，利用周末假日寫一些稿件，正職收入加上寫稿收入，年紀輕輕，收入卻很不錯，日子過得很有滋味。

可是，對我來說——至少是想要靠寫作養活自己的我來說，這是一種取巧，一種逃避與現實對決的懦弱。

許多人不願或不能成為全職寫手的理由都一樣：台灣的稿費很低，版稅很少，書很難賣，市場不願買單……。然而這一切的理由，總歸一句話就是「大環境不好，時不我予」。

台灣的大環境是不好，不過，寫作這門工作並非只有在台灣才能做。我自己的寫作觸角就擴展到兩岸三地，甚至有幾年連澳門報紙上的付稿費版面我都投稿，即便稿費十分微薄，還要扣掉大把手續費，最後入手的根本所剩無幾，然而我還是寫。香港的付費版面雖多，但外人很難打入，不過我靠著不斷投稿，後來也能在其中一些版面偶爾發表文章。中國則是有兩家固定的媒體合作專欄，出版了好幾本書的簡體版。台灣當然還是主要發表園地，但是也不光只是寫一般人想像中的文章，各種可以賺錢的文字撰寫工作我都接，包括沒能掛名的。

為了靠寫作活下去，為了因應大環境景氣不佳、對寫作人不友善，我從一開始就捨棄了無謂的自尊，不去堅持非得什麼類或媒體，或者非要多高的稿費價碼，只要不傷天害理、能有收入，而且我寫得來的文章，我就寫。

這本書所收錄的文章是我十幾年來跟現實對決的一些感想與心得，我想我之所以還能靠寫作為生，除了生命意向如此，心裡有股熱忱，最重要的還是捨棄了無謂的文人自尊或什麼風骨——那些漂亮好聽卻沒有實際幫助的藉口，且在一開始就有所覺悟，要和這個殘酷的環境一決勝負的勇氣。

即便在台灣，靠寫作為生其實並不是最難的事情，只要有規劃、有準備，按部就班、照表操課，總能找到活下來的方法。問題是，這樣活很不優雅，無法對外人炫耀，更顛覆了以往社會對於文人、作家的印象，身段放不下，內心太多矜持。

對於過去已經形成的結構，我無力也無意挑戰，但是對於未來勢必需要更多寫作人才投入的創作圈，我希望這本書的出版，能夠給其他和我一樣曾經有許多疑惑，但至今仍然堅持在寫作這條路上的朋友們一些參考，幫助更多人在與現實對決時，不光只有勇氣，還能有好用的方法，讓台灣的寫作隊伍能夠更加壯大厚實，更多人能加入職業創作的行列，那就夠了。

想靠寫作為生，就捨棄那些無謂的文人自尊或風骨，
拿出對決的勇氣，和這個殘酷的環境一決勝負吧！

啟思路07　PI0048

寫作過活不是夢，你也可以靠搖筆桿子吃飯！

──成為職業作家一定要知道的50件事

作　　者　王乾任
責任編輯　鄭伊庭
圖文排版　莊皓云
封面設計　王嵩賀

出版策劃　釀出版
製作發行　秀威資訊科技股份有限公司
114 台北市內湖區瑞光路76巷65號1樓
電話：+886-2-2796-3638　傳真：+886-2-2796-1377
服務信箱：service@showwe.com.tw
http://www.showwe.com.tw
郵政劃撥　19563868　戶名：秀威資訊科技股份有限公司
展售門市　國家書店【松江門市】
104 台北市中山區松江路209號1樓
電話：+886-2-2518-0207　傳真：+886-2-2518-0778
網路訂購　秀威網路書店：https://store.showwe.tw
國家網路書店：https://www.govbooks.com.tw
法律顧問　毛國樑　律師
總 經 銷　聯合發行股份有限公司
231新北市新店區寶橋路235巷6弄6號4F
電話：+886-2-2917-8022　傳真：+886-2-2915-6275

出版日期　2019年2月　BOD一版
定　　價　350元

Printed in Taiwan

國家圖書館出版品預行編目

寫作過活不是夢，你也可以靠搖筆桿子吃飯! 成為職業作家一定要知道的50件事 / 王乾任著. -- 一版. -- 臺北市：釀出版, 2019.02
面； 公分
BOD版
ISBN 978-986-445-309-2(平裝)

1. 職場成功法 2. 作家

494.35 107022578

讀者回函卡

感謝您購買本書，為提升服務品質，請填妥以下資料，將讀者回函卡直接寄回或傳真本公司，收到您的寶貴意見後，我們會收藏記錄及檢討，謝謝！

如您需要了解本公司最新出版書目、購書優惠或企劃活動，歡迎您上網查詢或下載相關資料：http:// www.showwe.com.tw

您購買的書名：______________________________

出生日期：________年________月________日

學歷：□高中（含）以下　□大專　□研究所（含）以上

職業：□製造業　□金融業　□資訊業　□軍警　□傳播業　□自由業
　　　□服務業　□公務員　□教職　□學生　□家管　□其它_____

購書地點：□網路書店　□實體書店　□書展　□郵購　□贈閱　□其他

您從何得知本書的消息？

□網路書店　□實體書店　□網路搜尋　□電子報　□書訊　□雜誌
□傳播媒體　□親友推薦　□網站推薦　□部落格　□其他__________

您對本書的評價：（請填代號　1.非常滿意　2.滿意　3.尚可　4.再改進）

封面設計____　版面編排____　內容____　文／譯筆____　價格____

讀完書後您覺得：

□很有收穫　□有收穫　□收穫不多　□沒收穫

對我們的建議：______________________________

____

____

____

請貼
郵票

11466
台北市内湖區瑞光路 76 巷 65 號 1 樓
秀威資訊科技股份有限公司 收
BOD 數位出版事業部

....
（請沿線對折寄回，謝謝！）

姓　　名：＿＿＿＿＿＿＿＿　年齡：＿＿＿＿　性別：□女　□男

郵遞區號：□□□□□

地　　址：＿＿＿＿＿＿＿＿＿＿＿＿＿＿＿＿＿＿＿＿

聯絡電話：（日）＿＿＿＿＿＿＿＿＿＿（夜）＿＿＿＿＿＿＿＿＿＿

E-mail：＿＿＿＿＿＿＿＿＿＿＿＿＿＿＿＿＿＿＿＿